「食」の図書館

ニシンの歴史

HERRING: A GLOBAL HISTORY

KATHY HUNT
キャシー・ハント【著】
龍 和子【訳】

原書房

目次

［……］は翻訳者による注記である。

序章◉私はニシンの虜になった

何世紀にもわたり、海に棲むこの小さな魚——ニシンは、ヨーロッパの多くの国々や北アメリカの地域社会を支える屋台骨となり、何百万人もの人々の生きる糧、社会の経済を安定させるものであり続けてきた。ヴァイキングの時代、残虐な侵略を行なったノース人「古代スカンジナビア半島に住んでいた人々」はニシンを食料としていたが、ノース人に征服された人々にしても事情は同じだった。中世においてはニシン漁によって多くの漁村が形成され、イギリスのグレートヤーマスやデンマークのコペンハーゲン、オランダのアムステルダムといった港湾都市も生まれた。

ニシンが土台となって生まれたのは国や地域社会だけではない。ニシンにかかわる労働者の組織が生まれ、魚売りのギルド（同業者組合）も登場した。12世紀のフランスではニシンは贅沢品であり、ニシン売りやアランジェール（ニシン売りの女性）の組合は、「魚売りギルドのなかでも最高のギルド」とされていた。

ニシンは、海洋権益という概念――誰もが欲しがる生物は規則を作って保護する必要があるという考え方――が生まれる発端になったともいえる。そう、ニシンは略奪や暴動、争いの原因でもあった。１４２９年に勃発した英仏間のニシン戦争から２０１３年の欧州連合（ＥＵ）とフェロー諸島とのニシン戦争にいたるまで、ニシンが原因の衝突は何世紀にもわたって繰り広げられてきたのである。

世界の歴史において、戦争は、通常は条約を交わすことで終結してきた。ニシンをめぐる争いも例外ではなく、「１８１８年協定」などの条約も生まれた。この協定はアメリカ・イギリス間の諸問題を解決したもので、漁業権については、カナダ北東部のニューファンドランド・ラブラドール州沿岸部でのニシン漁をアメリカに認めている。

●ニシンの言語学

大きいものでも体長は30センチほど、重さは７００グラムにも満たない魚が、都市を形成し、人々に食料や仕事を与え、戦争の原因となり、いくつもの協定を生んできた。だがここまでの話だけでニシンはすごい魚だと思うのはまだ早い。これ以外にも、ニシンは言語や文

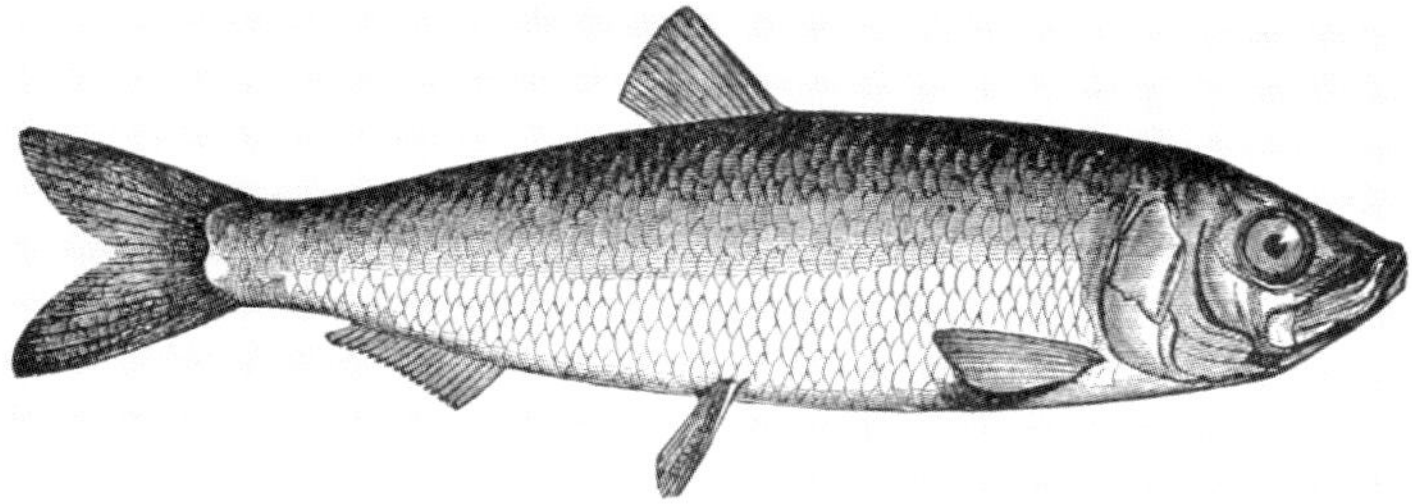

タイセイヨウニシン（学名 *Clupea harengus*）のスケッチ。『比較動物学入門 *Elements of Comparative Zoology*』（1905年）より。

化にまで影響をおよぼしているからだ。たとえば、レッドヘリング（red herring）［ニシンは英語で herring］。ニシンの燻製を意味するこの言葉は、故意に誤った手がかりを与えて人の注意を巧妙にそらすという意味にも使われる。

ニシン（herring）を使った英語のスラングでよく使われるのが、「完全に死んだ。すたれた。（dead as a herring）」という意味の表現だ。これは16世紀頃に生まれたもので、死んだニシンは強烈な悪臭を放つため、死んでいるとはっきりわかることからきている。同様の意味をもつものに、14世紀に広まった「dead as a doornail」［doornail とは木製ドアに取り付けられたプレートやノブで、これをドア・ノッカーのハンマーでたたいた。何度もたたかれて死んでいるに違いないということからこの意味になった］があり、ニシンを使った表現はこのもじりだ。

さらに、英語の「done up like a kipper」［kipper（キッパー）とは、イギリスで燻製の魚（とくにニシン）をいう］とは、誰かにはめられたり裏切られたり、あるいは現行犯で捕まることを意味している。歴史家の多くは、これは、我が身を燻製にされる魚に置き換えてみたことから生まれた表現ではないかと考える。燻製にされるニシンは、身を開かれ、内臓を取って吊《つる》され、燻《いぶ》されてカチカチになる。自分にはかかわりのない行為で犯人に仕立て上げられたり、にっちもさっちもいかない状況に陥ったりしたら、まるで燻製ニシンのように、自分が吊され干上がってしまうかのような気分になるということなのだろう。

英語という言語に深く浸透しただけでなく、ニシンは詩や散文にもよく登場している。18世紀アイルランドの作家にして風刺家であるジョナサン・スウィフトは、自国のニシン売りを次のように描写した。

けちらず
悪態をつかず
俺のニシンを買ってくれ
いきがいいマラハイド産さ［マハライドはアイルランドの中心都市ダブリン近くの港町］
このニシンはお値打ち品だ
作りたての混じり気のないバターとマスタードで食べれば

「ニシン漁」ウィンスロー・ホーマーの作品（1885年）

腹はカスタードのように白くてやわらかい
12匹6ペンスだよ。それで俺はパンを買える
買ってくれなきゃ、いきのいいニシンと同じ
で、俺はすぐに干上がっちまう

18世紀の作家で、このちっぽけな魚を作中で大きく取り上げているのはスウィフトだけではない。スコットランドの国民的詩人であるロバート・バーンズが1791年に書いた物語詩「シャンタのタム Tam O'Shanter」にもニシンが登場する。

「おお、タム、おおタムよ！　おまえは天罰を受ける！　おまえは地獄であいつらにニシンみたいに燻されるのだ！」


文学作品以外にもニシンは描かれている。

1885年、アメリカの風景画家ウィンスロー・ホーマーは「ニシン漁」を描いた。ふたりのイギリス人漁師がきらきらと輝くニシンを木の小舟に網で引き上げている。ホーマーの大作は現在、シカゴ美術館に展示されている。19世紀のスコットランド人画家、ロバート・ウィアー・アランは、「ニシン漁からの帰還」で、獲ったニシンを水揚げする漁師を描いている。この作品は現在スコットランドのグラスゴー美術館に収蔵されている。オランダの後期印象派の画家、フィンセント・ファン・ゴッホにも「黄色い紙の上の燻製ニシンと静物」という1889年の作品があり、ニシンそのものを描いている。またゴッホの作品には、ブローター[開いて内臓を取らずにしっかり塩漬けしたニシンを低温で燻製にしたもの]や、丸々と太ったニシンを軽く塩漬けや燻製にしたものなど、ニシンを題材としたものがこれ以外にもある。

●ニシンを知らない現代アメリカ人

ヨーロッパや北アメリカおよびアジアの一部地域にニシンが大きな影響をおよぼしてきた事実を見ると、身が白く、栄養豊富なニシンという魚を知らない人など世界にはいないのではないかと思えてくる。ところが、そうでもないのだ。平均的なアメリカ人に、ニシンについて知っていることをひとつ挙げるよう頼んでも、言葉がすぐには出てこないか、なにを聞かれているのかわからないといった顔をされるのがおちだ。アメリカ本土の大半の人々が思い浮かべる歴史や経済、料理に、ニシンは入っていない。ニシンが現代アメリカの料理であまり使われていない原因には、乱獲による減少や、ときどきしか手に入らないこと、また食べなれたもの以外にはなかなか手を出さない国民性などが挙げられる。幸い、アメリカ以外では事情は異なる。ベルギーや日本など、今もタンパク源としてニシンをよく食べている国は少なくない。

私はアメリカ北東部のペンシルヴァニア州ピッツバーグ北部の内陸部で育った。この地域で手に入る魚といえばタラやヒラメ、マグロやサケで、ニシンを食べるようになったのはそれほど昔のことではない。それに、私が初めてニシンを食べたのは事故みたいなものだった。大学の卒業旅行でイングランドを旅した私は、フィッシュ・アンド・チップス、アフタヌーンティー、スティッキー・トフィー・プディング［茶色のねっとりとしたトフィーのソースが焦げ茶色のスポンジにたっぷりかかったデザート］やフル・イングリッシュ・ブレックファスト［英国式の、量と栄養にすぐれた朝食］など、典型的なイギリスの食事を味わおうと期待に胸をふくらませていた。

ところが、私がロンドンで迎えた初めての朝に出てきたのは、ステンレスの皿に盛られたブラウンブレッド［小麦の皮や胚芽を除かずに製粉した全粒粉と小麦粉で作ったパン］とバターの皿、ボールいっぱいのくし切りレモン、そして大皿にのる、身を開かれ、黄金に色づいた香りのよい魚だった。卵、ベーコン、ソーセージ、グリルしたトマトにマッシュルームとい

ニシンの開き。スカンジナビア半島の食料品店ではごく普通の光景。

う、あの名高いイングリッシュ・ブレックファストは、どこにも見当たらなかったのである。

これが本当にイギリスの朝食なのかと、目の前の料理をとまどいつつしばらく眺めたあと、私は脂ののった魚の銀色の皮をはぎ、身を小さく切ってバターを塗ったパンにのせた。くし切りレモンを搾り、挽いたブラックペッパーをぱらぱらとふりかける。そしてこのオープンサンドイッチをフォークで切り分け、ニシン——いや、イギリス式に言うと、キッパー［ニシンを塩漬けにして燻製にしたもの］だ——をおそるおそる口に入れた。

一番によみがえってくるのは、繊細でなめらかな舌触りと、おだやかなスモーキーさをもつ深みのある味だ。ニシンが食べられる魚であるだけでなく、おいしくて食べ応えのある魚だとわかって、私はおおいに満足感を覚えた。濃厚でしっかりとした味は、イワシやシャッド［大西洋およびアメリカの河川や湖にすむニシン科の魚］を連想させた。最近知ったのだが、どちらもオメガ3脂肪酸［人体内で生成されない必須脂肪酸のひとつで青魚に多く含まれる］が豊富な魚だ。ニシンとイワシとシャッドが同じニシン科に属することはあとで知った。味が似ているのも当然だろう。

今まで見たこともない食べ物だったが、それがとてもおいしいことに私は大きな衝撃を受けた。伝統的なイングリッシュ・ブレックファストや、ツノガレイやタラ、コダラなどなど、さまざまな魚に衣をつけて揚げた料理を存分に楽しみたいと思っていたことなどすっかり忘れていた。私はニシンの虜《とりこ》になったのだ。

ニシンを食べたければ、イギリスとヨーロッパ大陸に行くのが理想的だ。この地域では今もニシンは重要な魚であるし、ヨーロッパには、ロールモップ［開いたニシンを酢漬けにしてタマネギの薄切りやピクルスなどを巻いたもの］にシュールストレミング［スウェーデンの塩漬けニシンの缶詰。強烈なにおいをもつ］、グリューナーヘリング［ドイツ語で「緑のニシン」の意味。獲れたばかりで、塩漬けや酢漬けなどなんの処理も施していない新鮮なニシンを意味する］、そしてもちろんキッパーなどニシンの名物料理もたくさんある。

オランダでは若くていきのいいニシンがハーリングカル（haringkar）と呼ばれる屋台で売

ご当地伝統の食べ方でニシンを口にする男性たち。オランダ。

スカンジナビア半島の市場の冷蔵食品売り場に並ぶニシンの酢漬けのビン

られ、それは15世紀から変わらない。スカンジナビア半島にはシルサラダ（ニシンのサラダ）があり、国や家庭によってさまざまなレシピがある。デンマークはニシンで栄えた最初の国だ。なんでも、何百という酢漬けニシンの料理があるらしい。私はデンマークにしばらく滞在したことがある。市場や道ばたの屋台から、コーレ・ボー（スウェーデンのスモーガスボードと同じで、ひとつのテーブルにさまざまな料理を並べた、日本のヴァイキング料理の原型）や高級レストランまで、いろいろな場所でニシンを食べた。デンマークのニシン料理の豊富さは保証する。

　地元の漁師や魚売り、料理人たちとニ

シンについて話していると、変わった話をいくつか聞き出せるはずだ。私が聞いたおもしろい話のなかに、ニシンは海から引き揚げられるときにくしゃみをする、というものがあった。私はこの話を眉唾ものと思っていたが、今は亡きアメリカ人ジャーナリストでフードライターのウェイバリー・ルートも、さまざまな食べ物を取り上げた『食物——図版世界の食物史決定版 *Food: An Authoritative, Visual History and Dictionary of the Foods of the World*』（1980年刊）のなかで、くしゃみをするニシンに触れているのだ。

ニシンにまつわる伝説や逸話はまだまだある。ベルギーでは、沿岸にニシンの大群が現れ、そのあまりの数の多さに、新しい島か新大陸が出現したかのようだったという話が残っている。デンマーク領シェラン島とスウェーデン最南部のスコーネ地方とを隔てるエーレスンド海峡には、かつてニシンがあまりに繁殖し、海に手を入れるだけでニシンがつかめると言われていた。もっとも、私のお気に入りはオランダの格言だ。「1日1匹のニシンは医者を遠ざける」。残念ながら、私がずっと食べてきたのはリンゴなのだが。

立派な科学的発見ではあるものの、ちょっと信じがたいような話もある。たとえば2003年にナショナル・ジオグラフィック・ニュースに掲載された記事だ。ニシンがおならをコミュニケーションの手段としているというのだ。FRT（fast repetitive ticks 高速の反復音）と名付けられたニシンが出すこの空気音は、捕食者には悟られずに周囲のニシンに警告を発しているものらしい。これは驚くほど効果の高いコミュニケーション手段であり、それに筋の通った理由だから、おならも堂々とできるというものだ。

ニシンの人気の高さとその魅力を理解するためには、ニシン自体を学ぶことからはじめるのが一番だ。小さなニシンはたいして見栄えはしないが、栄養豊富で、歴史上大きな意味をもつ魚なのである。

第1章 ◉ 小さくとも大きな存在感

◉世界のニシン

もしあなたがホエールウォッチングのツアーに参加した経験があるなら、いよいよ船出というとき、これから巨大なザトウクジラやミンククジラ、オルカを目にするのだという期待で胸がはちきれんばかりになったことだろう。水平線上になにかを見つけるたびに期待は興奮へと変わる――が、あっという間に失望感と退屈がやってくる。水平線上に見えたのはクジラではなく、ネズミイルカ［小型のイルカ］や小船や漂流物であり、それが何度も繰り返されるのだから、がっかりもする。

アメリカ西海岸最北部にあるワシントン州のピュージェット湾やサンファアン諸島まで足を

タイヘイヨウニシン（学名 *Clupea pallasii*）

伸ばせば、身が細く、銀色で小さな頭をした魚の大群が海面近くを泳ぐようすを観察する機会もあるだろう。これは、シャッドやメンハーデン［アメリカの北大西洋沿岸に生息する魚］やイワシも属するニシン科の魚で、この小型の、やわらかなヒレをもつ魚は、タイヘイヨウニシン（学名 *Clupea pallasii*）［ニシンのうち、太平洋側で獲れる種をとくにこう呼ぶ。日本に生息しているのもこのニシン］という。

タイヘイヨウニシンの生息域は、北は北極海と白海《はっかい》［ロシア北西部にあるバレンツ海の大きな入り江］、北太平洋東部では、メキシコ西部のバハ・カリフォルニア半島からアラスカのビューフォート海までだ。北太平洋西部では、ロシアから中国沿岸の黄海、朝鮮半島まで分布する。

　大西洋では、似たような大きさと姿形をしたタイセイヨウニシン（学名 *Clupea harengus*）が、冷たい海域に大群で生息する。この魚は大西洋とバルト海を回遊し、南東はフランス、南西はアメリカ東海岸のチェサピーク湾まで到達する。最大の生息域はマサチューセッツ州ケープコッドの北だ。ニュージャージー州より南にいくと姿は見えなくなる。太平洋に生息するニシンをタイヘイヨウニシンと言うように、タイセイヨウニシンも地域によって呼び名が変わり、バルト海などではバルトニシンと言われることもある。

　アトランティック・スプリング・ヘリング（エールワイフ）［タイセイヨウニシンは英語でAtlantic herring（アトランティック・ヘリング）］という魚もいて、呼称はさらにわかりづらくなっている。群れの作り方や群れることが好きな点は似ているものの、エールワイフはもっと大型で、ニシンや小エビやウナギなど、他の魚を捕食する。そのほか、河川にしか産卵しないという違いもある。今日、エールワイフの商業利用は一部にかぎられ、塩漬けにして食用とされるか、タラやコダラ、スケトウダラのエサにする。

　北アメリカにはレイク・ヘリングという紛らわしい名の魚もいる。ヒュロン湖とシュペリオール湖に生息するこの魚は、ニシンでもなければニシン科に属しているわけでもない。この小型で銀色の淡水魚はサケ科に属し、サケやマスの仲間だ。

魚の図版。アメリカのスマイリー社刊行の『料理書と家事全般の指南書 *Cook Book and Universal Household Guide*』（1895年）より。

漁師が獲ったばかりのニシンを手に入れた運のよいアジサシ

ニシン科の魚のなかでも、ニシンは仲間と混同されやすい魚だ。とくに、イワシと間違われることはとても多い。ほかにも、たとえばスプラットがニシンとされていることがある。しかしこの銀色で脂が豊富な魚はみかけはあまりニシンに似ておらず、体長も9センチから12センチ程度とずっと小さい。

◉ニシンの生態

ニシンの仲間はみな遠海魚であり、つまりは海底付近でもなく、沿岸部からも遠く離れた海に生息し、海中の微生物をエサにしている。同時に、小型で狙われやすいこの魚は、アジサシやツノメドリなどの鳥や、タラやサケ、ネズミイルカ、アザラシやクジラに捕食され、漁師の獲物ともなるのだ。なお、ヘリング（ニシン）

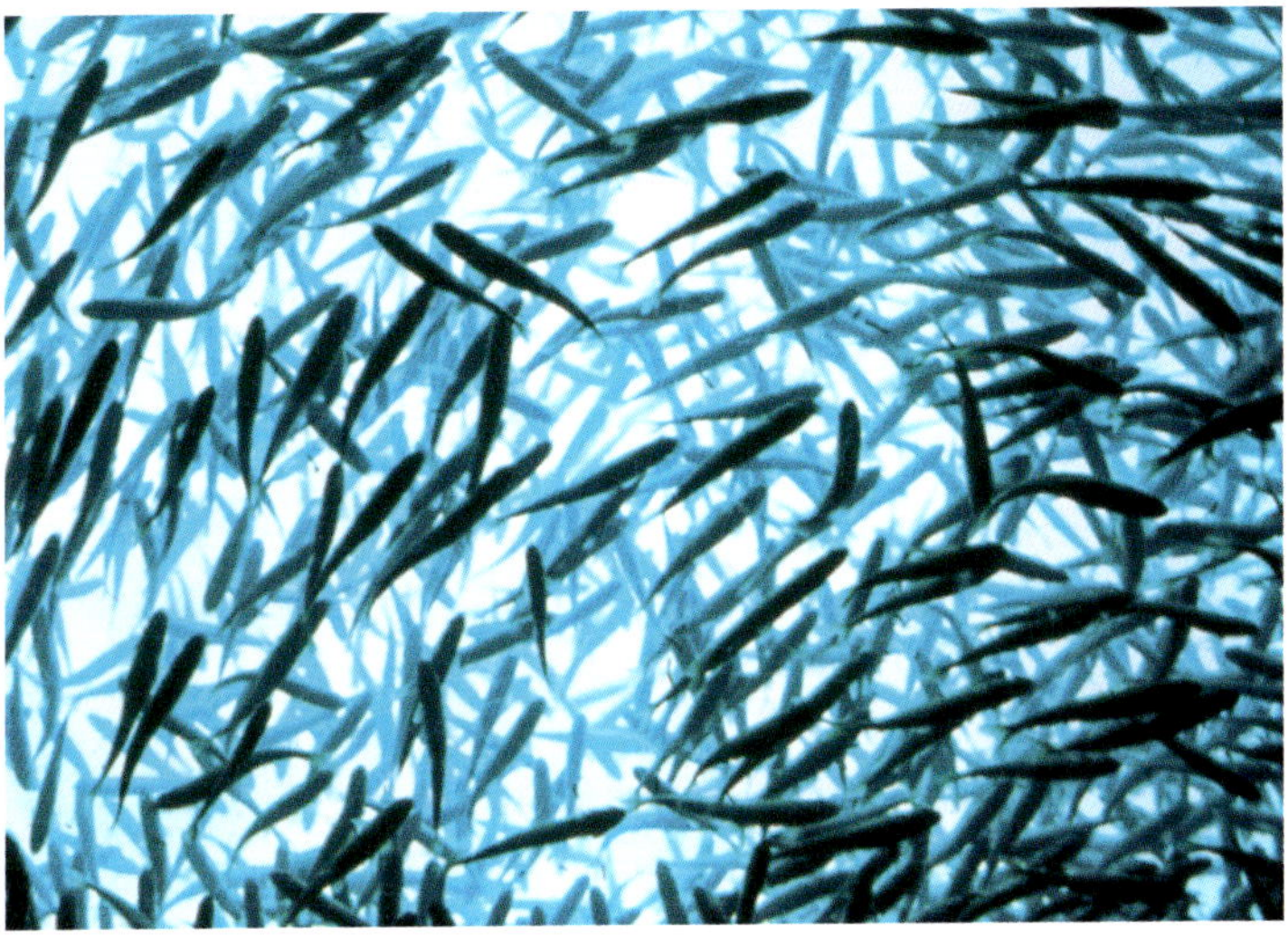

渦を巻くベイトボール。カリフォルニア州サンフランシスコ沖、ファラロン湾国立海洋自然保護区。

という名前をもつヘリング・ガル（セグロカモメ）は、一般に思われているのとは違い、ニシンを食べることはほとんどない。

ニシンはエサとして人気があるため、ホエールウォッチングでニシンを見つけたら、腹を空かせたミンククジラに出会えるかもしれない。ミンククジラは、ベイトボールと呼ばれる独特の渦巻きを追っていることがある。捕食される側の小型の魚は脅威を察知すると本能的に群れて、密集した大きな球体を作る。これがベイトボールだが、これは捕食される魚にとって、攻撃者から身を守る唯一の方法なのだ。

アメリカ海洋大気庁によるとニシンの

種類はおよそ200におよぶという。大型のものは体長45センチ、重さは450グラムを超える。太平洋の成魚の平均的な体長は25センチ、ニシンが一番多く生息する大西洋では18センチだ。

ニシンの種類は多いものの、大きさも外見もそれぞれよく似ている。たとえば背ビレは、背の中央部に小型のものが1枚。この背ビレにはトゲがなく、やわらかくて短い。さらに、ニシンの仲間はみな胸ビレをあまり動かさず、このため、遊泳中に急にとまったり、反転したり旋回したりすることができず、上下左右に進行方向を変えるだけだ。

尾ビレは深く割れているため高速で泳ぐことが可能で、時速37キロほどのスピードが出せる。先細の頭部をもち胴体が細長いことも速く泳げる要因だ。ニシンは産卵場所まではるか遠く旅することで知られているが、こうした特徴がおおいに役に立っているのだ。

ニシンはきらきらと輝くような銀色で、背の部分はわずかに青緑がかっている。うろこは銀色で大きく、はがれやすい。料理書の『ジェーン・グリグソンのフィッシュブック *Jane Grigson's Fish Book*』(1993年)では、ニシンのうろこを「はかない」と詩的に表現している。「秋の落ち葉のようにはらはらと落ちる」からだ。ニシンを調理するときは、うろこを落とすのが簡単なのは言うまでもない。

ニシンは聴力が非常にすぐれている。複雑な聴覚システムをもち、FRTと呼ばれる方法でたがいにコミュニケーションをとっている。ＦＲＴとはニシンが放出する気体が水中で破裂する音であり、40キロヘルツもの高周波音まで探知できるニシンはこの音を聞き取ることが可能だ。これは犬と同等の能力ということになる（人間が聞こえるのは20キロヘルツまで）。このすばらしい聴力によってニシンは危険を察知し、またそれを仲間に知らせることができるのだ。

身体的特徴にくわえ、ニシン科の魚はみな社交的性質をもつ。わかりやすく言えば、ニシンはニシンや他の小型の魚と群れるのを好むのだ。このおだやかな性格の魚は、一生を同じ群れで過ごすことがわかっている。ニシンの寿命が19年もあることを考えれば、称賛にあたいすることだろう。

ニシンは一般に巨大な群れを作る。実際、大西洋のニシンの群れはおよそ16平方キロメートルにもおよび、約10億匹ものニシンがいる群れも目撃されている。１８７７年のイングランド沿岸部では、水深32メートルにまで達するニシンの群れが出現した。このように巨大な群れを作ることからニシンの英語名がついたのだと考える歴史家もいる。ニシンの英語名「herring」はデンマークやノルウェーで軍隊の意味をもつ「haer」に由来しており、ニシンの群れを軍隊の大勢の兵士になぞらえたものだという。

厖大な数の魚が集まったベイトボールは密集していることが多く、これである程度身を守っ

オキアミ。ニシンの大事なエサだ。

ているニシンだが、捕食への予防策はほかにもある。敵に見つかり食べられないよう、自身は夜間にエサを摂るのだ。闇に紛れてニシンは獲物を攻撃して食べる。または、鰓耙《さいは》という、鰓《えら》の内側の縁に並ぶ固い突起から海水を取り入れて微細なエサを漉《こ》す。捕食される危険があるときは目立たないように行動し、こうしたあまり動きのないやり方でエサを摂る。

　ニシンが夜にエサを食べるのは、エサにするものの行動にあわせてのことだ。ニシンのエサはプランクトンだ。プランクトンには、微細な植物である植物プランクトンと、微小な生物である動物プランクトンがある。ニシンがエサにするのはカイアシ類などのごく微小な甲殻類や、もう少し大きなオキアミや魚卵《ぎょらん》、昆虫の幼虫などの動物プランクトンだ。昼間はこうしたプランクトンは深海にとどまっているが、夜になるとニシンが生息する海面近くに浮き上がってくる。腹を空かせたニシンにとっては格好の獲物だ。食物連鎖の底辺にいるプランクトンを食べることでニシンは自分の体を大きくし、身はやわらかくなり、脂がのってくる。そして、栄養豊富でおいしくなったニシンを海中の捕食者が好んでエサとする。もちろん人間にとってもニシンは安全で持続可能な食資源だ。

●産卵

ニシンは厖大な数の卵を産むことで個体数減少の危険に対抗している。ニシンのメスは平均して毎年2万個から5万個の卵を産み――なかには20万個も産卵する非常に繁殖力の強い個体もいる――すべての卵にオスが放精《ほうせい》する。メスは海藻や岩や砂利、貝殻や砂に卵を産み、粘着性のある卵は産み付けられたものにしっかりと固定される。北大西洋では、ロブスター漁の罠にくっついている魚卵を見つけることがよくある。魚卵にしては重量があるニシンの卵は海底に沈み、厚さ数センチにもなる。この魚卵のカーペットは、多数のニシンが産んだ数百万個もの卵でできていることもある。

ニシンは4〜5年で成魚となり、この頃から産卵と受精の儀式をはじめる。沿岸部で産卵するニシンもいれば、河川へ移動して卵を産むものもいる。産卵のために海水から淡水へと移動し、河川で産卵することを遡河《そか》という。サケ、シマスズキ、チョウザメ、シャッドもこうした行動をとる魚だ。タイヘイヨウニシンは年に一度、海岸近くの入り江を目指し、その付近で産卵する。一方、タイセイヨウニシンは沿岸部や沖合の堆《たい》［海底で、平らな頂をもつ隆起部。プランクトンが多い］で産卵する。

一般に、タイヘイヨウニシンが産卵するのは水深15メートル以内、タイセイヨウニシンは水深10〜200メートルの場所だ。ニシンは、何千キロも旅して毎年同じ産卵場所へと戻ってくる気骨のある魚だ。産卵場所が千年も変わらない例もある。産卵ルートが予測可能だと思われているニシンだが、実は気まぐれでもあり、明確な理由もなく産卵場所を変えることがある。潮の流れや水温、栄養分や塩分濃度の変化が関係しているのかもしれない。ニシンの気まぐれにより、地域によっては、数年にわたってニシンの大漁が続いたかと思うと翌年にはニシンがまったくやってこない、ということにもなる。ニシンが戻ってくることを当てにしているさまざまな産業にとっては壊滅的な打撃だ。

もっとも、産卵場所が変わることはあっても産卵期は一定だ。その時期は、ニシンが生息する場所による。太平洋では1月下旬から7月にかけて、大西洋では8月から11月にかけてニシンは産卵する。

　産卵の期間も、同じく生息地や水温で異なる。水温7℃以下では産卵は40日にわたって行なわれる。それよりも温かい水温10℃程度となり、タラやヒラメやコダラ、カニ、ヒトデに卵を食べられる危険がなければ、7日から10日程度で卵は孵化する。

　ニシンの仲間の卵が生き残る確率は高くない。産み付けられた卵の山の上層部にあるものは、前に述べた捕食者たちに狙われやすい。捕食者たちにとって、びっしりと産み付けられた卵はタンパク質豊富で豪華な食事なのだ。一方、下層の卵には十分な酸素が行きわたらない。酸素不足の卵は孵化しないこともあるし、孵化したとしても、上層部の卵よりも小さく未発達の仔魚《しぎょ》となる可能性がある。

　孵化した仔魚は体長6ミリ程度。目以外の体は透きとおっている。孵化して数日間は弱々しく、卵黄嚢《らんおうのう》［卵黄を包む袋状の膜で、このなかの養分を栄養源とする］をつけたままだ。この期間は動きまわらず、海底付近にとどまっている。

　仔魚の消化系が発達すると卵黄嚢がとれ、プランクトンを食べはじめる。この段階ではまだ泳ぎも下手で、泳ぐというよりもただ浮いているといった感じだ。そして、危険な時期でもある。仔魚が次の稚魚の段階まで成長できる割合をわずか1パーセントとする研究者もいる。

スウェーデン、クラーデスホルメンの漁村（1862年）

ニシンの仔魚は、孵化してから短くて3か月間、長ければ11か月間、生まれた場所の付近にとどまる。この期間は、うろこができ、背の部分が虹のように光沢のある青緑色へとなっていく時期だ。そしてこの頃から群れを形成しはじめ、その群れで回遊し、一生のほとんどを同じ仲間と過ごすことになる。孵化して1年たつ頃には体長はおよそ10センチに達する。この時点で群れは孵化した場所から離れ、別の場所でエサを摂りはじめる。

●ニシンの価値

孵化した場所を離れたニシンの稚魚は、やわらかで脂ののった魚肉を好む生物にとって格好の獲物となる。中世以降、もっともニシンに夢中になった生き物は人間である。若く小さなニシンの繊細な風味と、肉づきがよく食べ応えのある成魚を愛でてきた歴史は数千年にもおよぶ。スカンジナビア半島にある遺跡では紀元前3000年のニシンの骨が発掘されており、人とニシンとのかかわりが非常に古いものであることの証拠となっている。

文献に初めてニシンが登場するのは紀元240年だ。3世紀に活躍したローマの博物学者ソリヌスが、スコットランドのヘブリディーズ諸島の住人のことを「魚と牛乳を食料として生きている」と描写しているが、この「魚」とはニシンのことだ。さらに別の文献や遺物からは、ヨーロッパでは歴史上いくども、オメガ3脂肪酸が豊富なニシンを獲り食べることで飢饉を生き抜いてきたことがうかがえる。

また、ヨーロッパの人々は12世紀までに主食のパンとともにニシンを常食としていたことがわかっている。保存方法を編み出し、その技術を改善することでニシンを運搬できるようになり、そのためニシンはそれ以前にも増して、さまざまに利用できる食物となったのである。

もっとも中世には、この小さな魚と同じくらい栄養豊富な食物を探そうとしても簡単には見つからなかったはずだ。アメリカ農務省によると、加熱後のニシン85グラムにはタンパク質19・6グラム、脂肪9・9グラムが含まれ、熱量は173キロカロリーだという。そして脂肪のうち飽和脂肪酸［飽和脂肪酸を多く摂取すると心血管疾患のリスクが高まるといわれている］は2・2グラムしかない。それ以外はオメガ3脂肪酸など健康によい不飽和脂肪酸なのである。研究により、こうした多価不飽和脂肪酸［オメガ9の一部、オメガ6、オメガ3など、二重結合をふたつ以上含む不飽和脂肪酸］は心臓血管の健康維持によいことが判明している。

ニシンにはリン、カリウム、セレニウムが豊富に含まれている。セレニウムはDNA合成に大きな役割を果たし、また人体内のフリーラジカル［反応性の高い化学物質で、DNAなど重要な細胞分子に損傷を与えることがある］と戦うミネラルだ。ニシンはビタミンDの1日の必要摂取量の76パーセント、またビタミンB_{12}は4倍も含む。セレニウムと同じく、ビタミンB_{12}はDNAの合成を助け、血液を健康に保つ働きをもつ。中世の人々にはこうした知識はなかったのだろうが、非常に健康によい食物を摂取していたわけだ。

ニシンは健康維持に役立つだけにとどまらなかった。物々交換や各種支払い・報酬、捕虜や人質などの身請けのさいの金銭代わりとなった。5世紀から15世紀にかけての中世の時代には、ニシンは香辛料に匹敵するほど経済において重要な位置を占め、ルネサンス期にもその重要性は変わらなかった。『ニシンとイギリス史におけるその影響 *The Herring and Its Effect on the History of Britain*』（1918年）において、政治家のA・M・サミュエルは、「12世紀から17世紀まで、羊毛とニシンは今でいう主要産業であった」と述べている。

アムステルダム（1890年）

　ニシンを求めて人々は海のそばに住むようになり、そうした沿岸部の居住地は、合計すると数千キロにもなった。漁師とその家族がある程度集まってできた居住地は、やがて村や町に発展した。オランダの首都アムステルダム、デンマークの首都コペンハーゲン、ベルギーのオーステンデ、イングランドのローストフトやグレートヤーマス、ノルウェーのモルデといった都市は、ニシン漁から生まれた町や都市のほんの一部にすぎない。

　13世紀には、スウェーデン最南部にあるマルメとコペンハーゲンとを隔てるエーレスンド海峡にあまりに大量のニシンが到来したため船は進むのに苦労した、とデンマーク人の歴史家サクソ・グラマ

ベルギーのオーステンデ（1890年）

ティクスは述べている。こうした記録的なニシンの大群を見たフランドル地方［オランダ南部、ベルギー西部、フランス北部にかけての地域］の船乗りたちは、「海に突然大きな砂山が現れたようだ」と言ったものだ。ニシンの水揚げ量は数千トンにのぼったという。

◉ニシンを獲る

ニシンは尽きることなく獲れるようにも思えたが、中世の漁師は大漁を祈願して、当時の迷信や儀式を大切にした。漁師の服にノミが多くつくほどたくさんのニシンが獲れると信じる者がいた。服にノミが1、2匹しかついていないときにはせいぜい両手一杯ほどしか獲れないという。船の上でサ

現代のニシン漁用の簗（やな）

ケやウサギの話をするとだめだという迷信もあった。船に乗る者がひとりでもサケやウサギの話をすると、その船は手ぶらで戻ることになるといわれていた。

それぞれの地域にそれぞれの迷信があった。スコットランドの漁師は、船に乗り込む前に黒い服を着た者と会うのを避けた。黒という色は、ニシンがいたとしても、その数がごくわずかだということを意味したからだ。イングランドでは、漁が散々だったときには漁師は陸に戻ると不漁の原因になったと思われる人物の人形を作り、それを吊《つる》して焼いた。

ただしこうした迷信や儀式を守りながらも、昔の漁師たちはニシンをより多く獲るための漁の方法を工夫した。小型の魚であるニシンは釣り上げたりヤスで突いて獲ったりするのはむずかしいため、罠や網を仕掛ける漁をはじめたのである。何世紀にもわたり、北アメリカ北東部沿岸の先住民たちは、「簗《やな》」という罠を設置していた。この罠は、干潮時に水が引く河口部の湿地や干潟に棒を何本か突き立て、それに植物の葉や小枝などを編み込んでおく、というものだ。満潮時にこの罠のなかに入り込み出られなくなった魚を、潮が引いたら拾い上げるのである。

ヴァイキングやサクソン人［ゲルマン系で北西ドイツを原住地とし、イングランド人の根幹のひとつである民族］も簗を利用した。中世初期の文献や絵に登場するヴァイキングの罠は、アメリカ先住民のものよりいくらか手が込んでいる。まず大きな囲いに魚を導き、そこからさらに別の囲いに追い込む。ふたつめの囲いは、ニシンがすべて、小枝で編んだカゴのような罠に入り込む仕組みになっていた。

イングランドのサウスエセックス地方の海岸からおよそ1・6キロほどの沖合にも、罠が仕掛けられていた証拠が残っている。7世紀から10世紀にかけてアングロ・サクソン人が作ったもので、およそ1万3000本もの木材を使っている。これほど大がかりな仕組みを利用していたのであれば、毎年数十万匹はニシンが獲れたことだろう。この数の多さについてある歴史家は、地元で食べるだけでなく商業利用のためにニシンを獲っていたのではないかと見ている。

漁船と巾着網（1960年代）

獲《かく》が非常に多い。混獲とは漁の対象としない魚や水生動物まで網にかかることをいい、こうした魚や動物は網にからまって死んでしまうこともある。アシカ、アザラシ、サメ、イルカやクジラなど、本来対象とする魚よりも大型のものはすべて混獲される可能性がある。魚が小型であるほど網の目は小さくなるので、当然混獲も多くなるからだ。

流し刺網と同様、巾着網でも混獲は頻繁に起こる。また、もし漁獲量を制限しなければ、巾着網による乱獲でニシンが減少してしまう危険すらある。現在は多くの国が巾着網漁に規制をかけており、海岸付近や環境を保護する必要のある地域ではこの漁を禁じている。

15世紀には、投網《とあみ》［船や岸辺から投げ入れて魚を獲る網］や小枝や木材で作った罠に代わりトロール漁船が登場した。トロール漁船は網を備えた大型の船で、網を引いて海中をさらう。海底をさらうのは底引きトロー

現代のトロール漁船。デンマーク、スカーゲン。

ル漁とされ、タラやコダラなど海底に生息する底魚《そこうお》や、イカ、タコを獲る。海底までいかずに中層で網を引く場合は、ニシンやサバ、小エビやマグロといった魚が目的で、これを中層トロール漁という。どちらのトロール漁も、大量の魚をかき集めるところは電気掃除機のようだ。

網を利用したほかの漁と同じく、トロール漁でも大量の混獲が生じるため批判されており、また魚の生育環境の破壊や海底の荒廃につながる点にも厳しい目が向けられている。だがトロール漁は今も世界中で行なわれている。

第2章◉中世ヨーロッパのニシン

1億5000万年以上も昔から存在し、原始的な魚ともいえるニシンは、北半球では先史時代から人類の食料であったと考えられている。とはいえ、人類が初めてニシン漁を行なった時期を特定することはむずかしい。カナダ西岸のブリティッシュコロンビア州、アメリカのアラスカおよびワシントン州では1万年前のニシンの骨が約50万個も出土している。デンマーク、ノルウェーおよびスウェーデン西部では、アメリカ大陸で発見されたものと同時代のニシンの骨にくわえ、漁具も発見されている。

こうしたニシンの骨からは、大昔に大量のニシンが生息しており、また網を使用した漁を行ない大量のニシンを獲っていたことがわかる。7000キロ以上も離れた地で同時代の発見物があるため、誰が最初にニシンの価値に気づき漁をしたのかを判定するのは困難である。

私たちの祖先が、おいしく豊富な食料源であるニシンを高く評価していたことは間違いない。6世紀のヨーロッパの教会ではニシンの大漁を願う祈禱を行なっていた。この伝統は19世紀まで続き、1861年には、イギリス人の地質学者兼考古学者のジョセフ・ジョージ・カミングが、アイリッシュ海［アイルランド島とイギリス諸島にはさまれた海］に浮かぶマン島の3600人の漁師たちは「海の恵み」が得られることを願って毎週祈りを授かっていると書いている。漁師たちは、英国国教会司教であるトマス・ウィルソンが編んだ特別な祈りの言葉を授かり、それを唱えてから漁に出発した。この祈りは効果てき面だったようだ。1880年代に漁師たちが獲ったニシンは4万樽にものぼり、どの樽にも800匹ものニシンが詰められていたからだ。

●グレートヤーマス

イングランド東岸部のグレートヤーマス（ヤーマスと呼ばれることが多い）も、ニシンのおかげで町ができ、栄えた地だ。6世紀、漁師たちはヤール川が北海に注ぐ広大な河口付近に宿営し、ここに船を係留し、網を張り、またここからニシン漁に出かけた。当時の遺物から、その地に小屋を建て、獲ったニシンを干したり、塩漬けや燻製にしたり、また売っていたことも判明している。

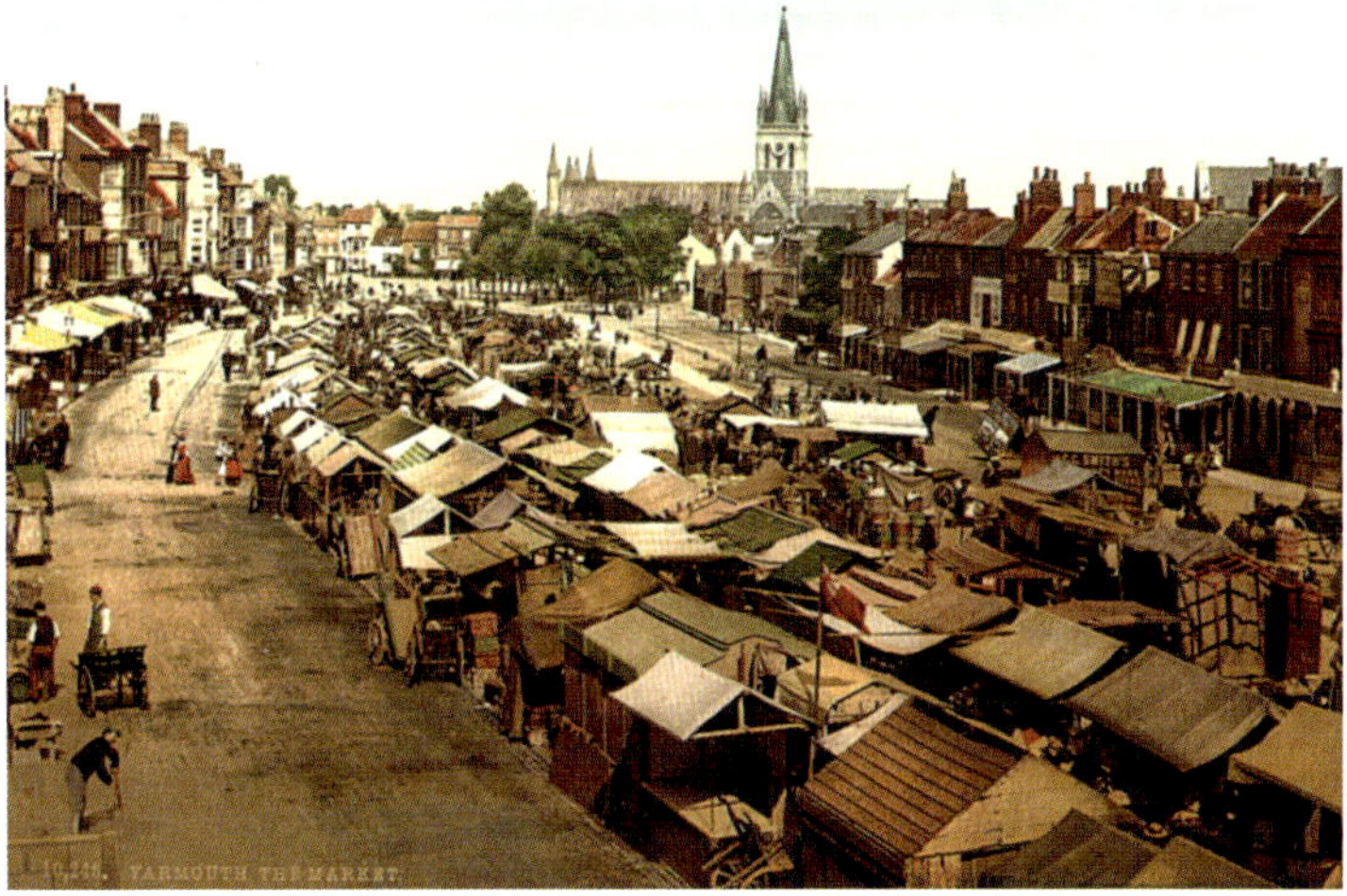

イングランド東部、ノーフォーク州グレートヤーマス。賑わう市場の向こうには荘厳なグレートヤーマス大聖堂がそびえる。19世紀。

漁師たちは浜辺に簡単な礼拝所も建て、海からの恵みに感謝を捧げた。12世紀初めには、海に頼って生きる町が拠りどころとする大きくて立派な聖ニコラス教会が建設され、のちにグレートヤーマス大聖堂と名を変えた。聖ニコラスは船乗りと海で生計を立てるすべての人の守護聖人である。この町にはうってつけの聖人だった。

ニシンは、ヤーマスという町を建設する土台となっただけでなく、ヤーマスが町としての地位を固めるのにも貢献した。1108年、イングランド王ヘンリー1世は毎年1万匹のニシンを税として徴収する見返りに、ヤーマスを自治権をもつ特権都市である「バラ」としたのだ。13世紀になると租税は100匹のニシンで焼いたパイ

24個に代わったものの、ヤーマスの町の紋章にはニシンの海をかき分けながら進む船が描かれていた。

当時、沿岸部ではニシンで納税することが一般的だった。港町付近でニシン漁を行なう権利を確保し維持するために、漁師は獲れたニシンの一部を地元の首長に献上した。そして献上を受けた首長は、そのニシンで教会に十分の一税［中世ヨーロッパで、教会が教区民から収穫物の10分の1を毎年徴収したもの］を納めた。中世初期にニシン漁で栄えたサフォーク州ベックルズの住人は、聖エドモンド修道院に毎年3万匹のニシンを地代として納めていた。のちに、ニシンの数は年6万匹に引き上げられた。

ニシンで納税するのはイングランドにかぎったことではなかった。11世紀のフランスでは、海辺の町ディエップ近郊のある製塩業者が、莫大な量の塩漬けニシンをルーアンの聖カタリナ修道院に寄進している。そしてイングランド同様、フランスにもニシン漁で活気づく町があった。ある日、1隻の漁船の網に、午前中だけで80万匹ものニシンがかかったという途方もない話も残っている。

●断食期間の栄養源

中世において、ニシンを聖職者に献上することは非常に理にかなった行為だった。当時、

塩漬けニシンが入った樽

教会は水曜、金曜、土曜の肉食を禁じていた。また四旬節《しじゅんせつ》［復活祭前の40日の準備期間］と降臨節《こうりんせつ》［イエス・キリストの降誕（クリスマス）にそなえる準備期間］の断食期間にも肉は食べられなかった。このため、修道僧や司教その他の聖職者をはじめとするキリスト教徒は、年に195日も肉を食べることができなかった。しかし十分の一税をニシンで受け取ることで、この肉食禁止の期間にも十分なタンパク質を得られたのである。

ところで中世の料理人が作ったニシン料理は塩漬けニシンを利用したものだったため、断食期間にニシン料理を食べた人々はのどが渇くことが多かった。のどの渇きをいやすために人々が口にしたのは、飲料水の確保がむずかしかった当時の飲み物のなかでは一番安全で手に入りやすかったエール［イギリスの伝統的なビール］やワインだった。その結果、ニシンははからずも、節制の期間を飲酒期間としてしまったのである。

何世紀もたつうちにニシンは、酔っ払いを生むことはともかく、「断食期間に出てくる代わり映えのしない食事」という意味をもつようになる。なにもニシンに欠点があるわけではない。作る側が工夫をしないのが原因だ。なにしろ料理人たちが出すものといったら、塩漬けニシンをきざみタマネギと一緒に煮たものか、塩漬けニシンか燻製ニシンの切り身にマスタードやパセリのソースをかけたものばかりだったのだ。それでも新鮮なニシンが手に入る地方ではまだましだった。ソースはありふれていても生のニシンをあぶったり焼いたりしていたし、フィッシュ・パイ、ニシンのスープやシチューといった料理が食べられたからだ。とはいえそれらよりはるかにおいしい料理があるのだが。

ニシンは敬虔な人々にとっての断食期間中の栄養源であったが、同時に、ヨーロッパの小作農たちの命をつなぐ食べ物ともなった。当時の家畜は、もっぱら卵を産ませたり、牛乳を搾ったり、畑を耕したりさせるものであり、つぶして小作農たちの胃袋に収まることはめったになかった。彼らが栄養豊富でエネルギー源となるものを食べようとすれば、おのずとニシンに目を向けることになったのだ。

◉ヴァイキング時代のニシン

ヴァイキング時代のスカンジナビア半島では、魚といえばニシンとタラだった。ヴァイキングが航海に出たのは、まずはタラやニシン漁に出るためだったというのが多くの歴史家の見解だ。ニシンやタラの捕獲と漁場の獲得こそが第一であり、土地の略奪はあくまでもその延長線上の行為だった。

ドイツとデンマークの国境に位置するヘーゼビューにあるヴァイキングの定住地跡や交易所跡の発掘によって、そこで食べられていた魚介類の大半がニシンだったことがわかっている。デンマークのコペンハーゲンの西にあるロスキレ・フィヨルドでは1962年に5隻のヴァイキング船の遺物が海から引き上げられ、考古学者たちは紀元8世紀にニシンを食べていた証拠を発見している。ニシンの骨はこのフィヨルドで発見された8世紀から9世紀の人工遺物の18パーセントを占めている。この割合は10世紀から11世紀になると42パーセントにもなり、ニシンが豊富に獲れていたこと、ヴァイキングにとって重要性が増していたことの証《あかし》だろう。

この時代になると、ニシンはヴァイキングにとって手に入りやすい日常の食べ物となっていく。彼らはとれたての新鮮なニシンを食べ、また塩漬けや燻製にして食べた。昔のノルウェーの詩に、ニシンはオーツ麦と一緒に食べると書かれたものがあるが、同じ食べ方は17世紀のデンマークの料理書にも掲載されている。

ヴァイキングはデンマークやノルウェー、スウェーデンの沿岸部にとどまらず、イングランド東岸やスコットランドのオークニー諸島まで出向いてニシンを獲った。8世紀にはイングランド沿岸部にニシンの大群が見られ、それが、略奪をほしいままにするヴァイキングをイングランド東岸に呼び寄せてしまったのだと歴史家は見ている。流線形の長い木造船で海に出たヴァイキングはニシンを追ってイングランドまで到来し、沿岸部の裕福な修道院を襲っては宝石その他の高価な品を略奪した。こうした襲撃で一番有名なものが、793年に北海に面したリンディスファーン島（ホーリー・アイランド）で起きた事件だ。リンディスファー

ノルウェー、オスロにあるヴァイキング船博物館に展示された9世紀のオーセベリ船。

ン島の襲撃は、ヴァイキング時代の幕開けを記すものとしてしばしば引き合いに出される。

人工遺物からは、略奪した地域にヴァイキングがとどまり、漁場や農地の周囲に定住地を築いていたことがわかる。オークニー諸島のウェストレー島で9世紀のニシンの骨が見つかっていることから、ヴァイキングがここでニシンを獲って塩漬けにし、交易の品にしたり母国に持ち帰ったりしたと考えられている。

12世紀のヴァイキング時代の終わりには、スウェーデン南西部でスコーネ（スカニア）・マーケットという魚市場が毎年開かれるようになっていた。ファルステルボ半島にあるこの魚市場は、隣のバルト海で獲れたニシンを扱っていた。１５２０年代にはスコーネの魚市場の名声も高まり、平均５人の漁師が乗り込む漁船７５００隻がファルステルボ半島に大挙してやってきた。

◉ハンザ同盟

冷蔵庫のない時代には、肉や魚介類を保存するには塩漬けが手っ取り早い方法だった。とくにニシンはそうする必要があった。脂肪が豊富なため傷みやすく、陸に揚げたらすぐに塩漬けにしなければならなかったのだ。とはいえ初めの頃は、その作業はとても雑なものだった。「塩漬け」とは言いながらも、浜辺でニシンと塩を一緒に山盛りにするだけの漁師もいた。ひとまずニシンが傷まないようにしていただけであって、きちんと手順を踏んだ塩漬けやそれ以外の保存方法が開発されるのは、もっとあとのことだ。

スコーネ・マーケットでは女性も男性と一緒に働き、ニシンを売るまでに必要な作業をこなした。女性が受けもつのはニシンを樽に塩漬けにする作業だ。樽はおよそ60キロの重さがある。１４９４年には、２か月間毎日平均して６５００匹ものニシンを塩漬けにしたという記録が残っている。

8月から10月にかけて、スカンジナビア半島の漁師たちは小屋を建て、塩漬けニシンの樽を外国の商人たちに売った。スコーネ・マーケットが繁盛したこの地方は交易の一大拠点と

ノルウェーのアレスンドでニシンの塩漬け作業をする人々（1920年頃）

なり、この地位はその後250年間守られた。ファルステルボ半島はデンマークの統治下にあったため、マーケットからあがる利益でデンマーク王国は非常に豊かになった。そして12世紀には、ニシンによる大きな稼ぎを目の当たりにしたイングランドやフランス、オランダといった国々も、「海の銀」と呼ばれたニシンで自国を富ませようと目論んでいたのである。

スコーネ・マーケットは、中世における交易団体であるハンザ同盟を育んだ。北海にそそぐエルベ川河口の港湾都市ハンブルクとバルト海に面するリューベックのドイツ人商人たちによって1241年に結成されたこの同盟は、商人たちの相互利益を守るためのものだった。その事業のひとつが、ニシン漁とニシンの販売だったのだ。ハンザ同盟は加盟都市の軍隊を動員してニシン漁やその交易ルートを泥棒や海賊から守り、加盟する商人は同盟内の姉妹港に事務所や倉庫を設置することができた。これによって、交易に関する連絡が阻害されたり、誤解や障害が生じたりすることもなく、商取り引きが行なえたのである。

ハンザ同盟にはヨーロッパ北西部のおよそ200の都市が加盟した。最盛期には、西は現在のベルギーにあるブリュージュ、東はロシアのノヴゴロドにまで広がっていた。またロンドンとノルウェーのベルゲンには事務所も置かれていた。中核となったのは、金色の盾に3匹のニシンが描かれた紋章を掲げる都市、リューベックだ。ここでは、貿易問題を話し合うハンザ総会が開かれた。

交易ルートを確保して大規模な事業を分けあうという目的は聞こえはよかったものの、現実に行なわれていたことは、ハンザ同盟によるニシンの販売と輸送の独占だった。2世紀にわたってこの状況は続き、塩漬けニシンの樽をさまざまな都市へと運び、その勢力はローマにもおよんだ。すでに述べたように、ニシンは断食期間中のキリスト教徒にとって欠かせない食べ物だった。ニシン市場とハンザ同盟の成功には、近隣の敬虔なキリスト教徒にくわえローマのカトリック教徒も重要な存在だったのだ。

毛皮や布、塩、蠟《ろう》、ハチミツ、金属鉱物など、ハンザ同盟が扱う商品はほかにもあったが、ハンザの成功に重要な役割を果たしたのはニシンだった。ニシンの大漁・不漁はハンザの盛衰を大きく左右する。15世紀にバルト海でニシンの数が激減するとハンザ同盟は衰退しはじめ、17世紀には多くの都市が脱退している。最後までとどまったのは、リューベック、ブレーメン、ハンブルクの3つの都市だけだった。そして1862年にはハンザ同盟は消滅する［ハンザ同盟の消滅時期については諸説あり］。

◉ニシンで栄えたオランダ

ハンザ同盟の影響力はしだいに衰えていったものの、ニシンを必要とするヨーロッパはこの魚を獲り続けた。ニシンの回遊コースが大きく変わってバルト海でニシンが獲れなくなると、ヨーロッパの国々には新たな漁場を探す必要が生じた。1540年、オランダ漁船が北海のイングランド沿岸部でニシンの群れと遭遇し、大量のニシンを捕獲した。良い漁場を見つけたオランダはすぐれた漁船を何隻も建造し、この海域にさらに漁師を送り込んだ。16世紀末にオランダがヨーロッパの最富裕国かつ最強国のひとつになったのは、ニシン漁によるところが大きかった。1600隻を超すオランダ船が塩漬けニシンをフランスやイングランド、ポーランド、ロシアに運び入れ、空いた船に塩や羊毛、亜麻布、穀物、ワインや材木を積んで母国に戻ったのである。

ニシンはオランダの首都アムステルダムにも力をおよぼした。アムステル川の河口に位置するアムステルダムは、12世紀にできた漁村から発展した都市だ。海に近く、内陸部の水路や主要河川にも通じていたため、アムステルダムはニシン漁とニシンの輸出に大きな役割を果たすことになる。大量に獲ったニシンをアムステル川の堤防沿いで保存加工し、ヨーロッパ中に売りに行ったことから、オランダ人に言わせれば、その首都（アムステルダム）は「ニシンの骨の上に建設された」のである。

オランダ人は大量のニシンを食べた。彼らが好んだ食べ方は、まったく調理の手間のかからない「マーチェ」だ。産卵経験のない脂ののった若く新鮮な旬のニシンを、港に水揚げされたらすぐに食べるのである。ニシンの尾をもって自分の頭の上までもち上げ、口に入れたら一気に飲み込む。

オランダ人はどんな魚介類よりも多く生のニシンを食べると言われている。オランダには今でも生のニシンを売る屋台（ハーリングカル）がそこかしこに出ている（ただし現在はニシンをまず冷凍して扁虫《ひらむし》や線虫などの寄生虫を死滅させる必要がある）。

オランダの漁業の最盛期には、漁師たちがギルドを結成し、外国から漁を請け負わないという厳しい誓約を行なっていた。さらに、外国人労働者や監視人を船に乗せることも禁じており、外国人がかかわれるのは、ニシンの内臓を取り、保存する作業のみだった。

ニシンを食べる少年たち。オランダ、アムステルダムのウェースペルプレイン。

ニシン漁にかかわるすべての作業において一定の水準を維持するため、オランダ政府は16世紀後半に漁業協会を設立し、またニシン産業にさまざまな規制を設けて管理することにした。漁船免許制度の導入、漁獲量の割り当て、品質管理の徹底などは効果を上げ、オランダのニシンは高級だという評判を保つことに成功する。

また、ニシンの群れが夏至のはじまりとともに移動してくることを漁業協会は突き止めた。オランダ人漁師たちは6月24日のヨハネ祭［キリスト教において聖ヨハネの生誕祭。夏至の祝祭でもある］の日に出航し、

アムステルダムの魚市場と取引所や計量所（1890年頃）

人々は家々に横断幕や小旗を飾り、陽気な歌や祈り、乾杯の声をあげて船を送り出した。やがて漁船がそれぞれ何百本ものニシンの樽を積み込んで港に戻ると、旗の波が漁船を迎えた。漁師たちと海の恵みを称え、家々や職場、政府の建物には多数の旗が掲げられたのだった。

ニシンを迎えたのは旗だけではなかった。12世紀まで、アムステルダムの魚屋は店の入口にツゲの葉のリースと王冠を描いた旗を掲げていた。新しいニシンが入ったことを知らせる飾りだ。人々は、とびきり新鮮で若くやわらかいニシンには1匹につきダカット金貨［ダカットは、中世後期から20世紀後半頃までヨーロッパで使用された硬貨］1枚を払ってでも買い求めた。19世紀のフ

ニシンとホットドッグの屋台。現代のアムステルダム。

ランス人歴史家ジュール・ミシュレはこう述べている。「ニシン漁師は運んできた荷を金《きん》に変えたのだ」

ニシン漁によってオランダは大きな経済力をつけ、16世紀末には強大な海洋国家に成長していた。同時に、大規模漁船団を土台にすれば商船団の編成も可能なことに気づく。さらに、この漁船団は海軍義勇隊の役割も果たすようになる。平時は通常の漁の仕事に従事するが、有事のさいには兵士や戦争に必要な物資を運ぶようになった。最終的に、オランダは海軍学校を設立して系統立てた教育を行ない、自国を守る兵士を育てることになる。

18世紀のフランス人博物学者ベルナール・ジェルマン・ド・ラセペードは、オランダと全ヨーロッパにとってニシンがどれほど重要な魚であったかを簡潔にまとめている。

ニシンは帝国の行く末を決める産物である。熱帯地方のコーヒー豆、紅茶、香辛料、それに絹を生み出す蚕でさえ、北の海で獲れるニシンほど国の富に影響をおよぼしはしなかった。

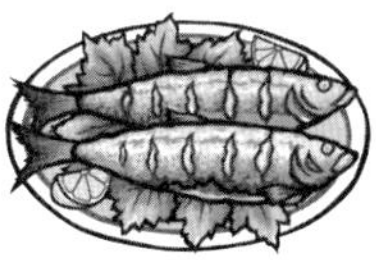

第3章◉ニシンの保存加工

厖大な量のニシンを獲って売り、輸送するようになると、保存の問題に取り組む必要がでてくる。魚はすべて、水から出た瞬間から傷みはじめる。細菌が組織を分解、つまり腐敗するからだが、腐敗や損傷を防ぐため、漁師は魚を獲ったらすぐに内臓をきれいに取り除き、水分をしっかりとふき取る必要がある。これで細菌の繁殖が抑えられる。細菌が活動するには水分が必要だからだ。

古代と中世では、魚は、数週間とまではいかなくても数日間は戸外で乾燥させ、水分をしっかり蒸発させて細菌の活動を低下させた。ところがニシンは乾燥に向かない魚だ。脂肪をたっぷりと含むため、外気で乾燥させる程度では、内臓を抜いていてもすぐに腐敗臭を放ちはじめる。こうした性質は、中世において重宝されたもうひとつの魚、タラとは大きく異なる。

内臓を取ったタラは、木の棒などに吊して外気にさらしておけばカチカチになる。乾燥タラは「ストックフィッシュ（stockfish）」と呼ばれる。この名は、タラを干すために木の幹（stock）にひっかけたからだとも、タラが乾燥すると棒のように固くなったことから来たものだともされる。5世紀半ばから12世紀に使われた古期英語では、「stock（ストック）」は丸太や柱を意味し、8世紀から14世紀にかけてスカンジナビア諸国で使っていた古期ノルド語では、木の幹を意味する言葉だった。そして乾燥させたタラは、数年間も長持ちした。

●塩漬け

ニシンは干してもストックフィッシュにはならないため、古代から行なわれていた別の乾燥方法を使う必要があった。塩漬けだ。塩に漬けると浸透圧によりニシンの水分は外に引き出されて脱水される。十分な塩をくわえることでニシンは乾燥し、腐敗の原因である細菌の活動を抑えられるのである。

腐敗しないレベルまで脱水させるためには、一般に塩分濃度を20パーセントにする必要がある。内臓を抜いたニシンが１００キロであれば、その保存には20キロの塩が必要になるということだ。中世の漁師たちが獲るニシンは1回の漁で何十万匹にものぼったため、ニシン漁でうまく稼ぐには大量の塩が欠かせなかった。

ニシンの塩漬け作業（20世紀半ば）

塩の入手法で一番簡単なものといえば海水を蒸発させることであり、古代から、塩はこうして造ってきた。古代ローマ人は海水をブリクタージという土器で煮立たせ、蒸発させた。海水がなくなり塩の塊ができたら、土器を砕いて塩を取り出すのだ。また、地中海沿いに海水を溜める浅い池も掘った。日光と風が海水を蒸発させると池の底に塩がたまる。この塩の結晶を掻き出し、保存して使ったのである。海水を蒸発させるローマ人の塩造りは中世のあいだも引き継がれ、中世ヨーロッパの人々は、古代ローマ人と同じような池を多数掘った。

だが、寒くどんよりと曇った日が多

い土地では、池に溜めた海水を太陽と風の力だけで蒸発させて塩を造るわけにはいかなかった。このため、海水を煮立てて蒸発させ、なかのミネラル分を取り出すという方法がとられた。イングランドで行なわれていたのは、鉛の浅い鍋（パン）に海水を入れて火にかけ、煮立たせる方法だった。オープン・パンと呼ばれるこの製塩方法では海水を蒸発させる温度や速度によって塩の結晶の大きさが変わる。細かい結晶の場合もあれば粗い結晶もあるが、ニシンの保存に使われたのは結晶が粗い塩だ。

イングランドでは「スリーチング」といわれる製法もとられた。次のような工程だ。海岸で塩分のついた砂（スリーチ）を集めて自然乾燥させ、わらを敷いたキンチと呼ばれる溝に入れる。この砂の上から海水を注いで砂についた塩分も溶かし出し、キンチで濾過された塩水を釜に受ける。これを、たきぎや泥炭《でいたん》［湿地帯の表層から採る泥状の炭］を燃やした火にかけて沸騰させ、水分を蒸発させて塩を取りだすのだ。

ヨーロッパ北部で、海水を煮立てて塩を造ったのはイングランドだけではない。海水を溜めた泉や池があるところは、それを火にかけ蒸発させて塩を造っていた地域だといってよい。

中世のドイツとスウェーデンでは、塩を基盤とした双方向の交易がはじまった。ドイツには塩が大量にあり、一方スカンジナビア半島にはニシンが大量にあった。ドイツ商人はリューベックの南にあるリューネブルクの塩水泉から造った塩をスコーネの漁師に売り、その塩を

保存しておくために塩漬けにしたニシン

使った塩漬けニシンを彼らから買った。このシンプルな取り引きを、両者はうまくやっていた。

塩で保存処理したニシンは暖かい時期にも傷まないため、北ヨーロッパの凍るような冬に備える保存食にぴったりだった。また、海岸から遠く離れた地域まで輸送することも可能だった。運びやすくて価格も手ごろな塩漬けニシンは、内陸部のさまざまな町で食事に取り入れられるようになった。

塩で水分を抜いて乾燥させていることからわかるように、塩漬けニシンは固く、非常に噛み応えがあった。食べるときにはひと晩湯につけるかゆでて戻さなければならない。どちらの場合も何度か水を替えるのだが、それでもとても塩辛く、固いことが多かった。

◉塩水漬け——革新的な技術

14世紀にはオランダ人漁師のウィレム・ブーケルスが、ニシンの内臓を抜いてから保存する、ハーリングカーケンという革新的な技術を編み出した。ブーケルスはまず、獲ったばかりの新鮮なニシンを海上で開いて鰓《えら》と内臓を取り除いた。そしてニシンに塩をふりながら木樽に詰めていき、最後に高濃度の塩水で樽を満たしてフタを閉めた。どうせニシンを加工するのであれば、そのためにいちいち浜まで時間と金をかけて運ぶより船上で作業をしたほうが手間が省ける。漁の期間は短い。時間の無駄は利益の大きな損失につながる。もともと高価な魚ではないが、ブーケルスの技術を使えばさらに安く売っても儲けられる可能性が出てくる。最初から塩水に漬けこむのでニシンを乾燥させる手間が不要になる。調理前の塩抜きも、長時間水に浸したり湯で煮立てたりする必要がない。そしてなにより、その場で加工することでほとんどニシンを傷ませずに保存できるようになったのだ。

ブーケルスがニシンの内臓を抜いて塩水に漬ける保存方法を編み出したことは記録に残っているし、彼はニシン業界に大変革をもたらした人物ともされているのだが、フランス、ノルウェー、アイスランドなどこれまでニシン漁を行なってきた国々は、このニシンの保存方法は自国で生み出されたものだと主張している。フランスとイングランドの11世紀から12世紀の文書には、漁師たちがニシンの内臓を取り、それを塩分の濃い海水に漬けて保存したと書かれている。しかしいうまでもなく、ニシンの塩水漬けの発明者といえば今日でもブーケルスとされている［これについては疑問を抱く研究者も多い］。

ブーケルスの影響がおよんだのは、ニシンの保存処理方法や輸送だけにとどまらない。塩水に漬けたニシンからは、いくつかの名産も生まれている。スウェーデンのシュールストレミング（酸っぱいニシン）もそうだ。遅くとも16世紀には作られていたシュールストレミングは、まずバルトニシンの内臓と頭を取り、24時間ほど濃い塩水に漬けたのち、今度は薄い塩水に漬けて1か月ほどおく。真夏に密閉した樽にニシンを貯蔵するのが昔ながらのやり方だが、現代では缶詰にするのが一般的だ。空気のない状態に置かれたニシンは醱酵をはじめ、そしてこの醱酵が、ニシンの保存処理の最終段階だ。

●シュールストレミング

スウェーデンのマーケットでシュールストレミングの缶詰を目にしたら、強烈に記憶に残ることだろう。醱酵によって生じたガスでフタ部分が膨張し、ボールのように丸くなっている。缶を開ける瞬間もまた、忘れられない――そして忘れてしまいたい――記憶になるはずだ。醱酵したニシンが放つ酸っぱいにおいは腐った卵や腐敗しかけた肉のようで、さらに強

とてつもない悪臭を放つため、シュールストレミングの缶は戸外で開けることが多い。

烈なチーズ臭も混じっている。においのあまりの強烈さに、シュールストレミングの缶は一部公共の場に持ち込むことが禁じられているほどだ。航空会社は機内への持ち込みを禁じているが、これは、気圧が低下する高高度では缶がさらに膨張して爆発しかねず、乗客が負傷する危険があるためだとしている（当然、悪臭も放つ）。

ドイツ人フードライターのウォルフガング・ファスベンデルは、シュールストレミングを食べるときに一番むずかしい点は、この塩漬けニシンを実際に味わう前に、身の毛がよだつような悪臭に嘔吐したくなるのをなんとかふみとどまるところだと述べている。多くの人の同意が得られるかどうかはともかく、酸酵したニシンはスウェーデンの名物料理として今も健在である。

シュールストレミングを上手に味わうためには、家の外で缶を開け、間違ってもキッチンににおいが残らないようにすることがポイントだ。缶を開けたら液体を捨てよう。なかのニシンを冷たい流水で洗い、清潔なふきんでニシンの水気を取る。ニシンを皿に並べ、きざんだ赤タマネギをニシン全体に散らす（タマネギのにおいが悪臭をいくらか隠し、風味をおだやかにしてくれる）。しきたり通りにするのなら、少量のゆでたジャガイモと、薄くぱりっとしたパンのトゥンブレッドにバターを塗ったものと一緒に食べる。

缶から出したシュールストレミングをそのまま食べるのはちょっと勘弁という人は、スモーブロー［北欧で広く親しまれているオープンサンドイッチ］にするとよい。シュールストレミングをゆでたジャガイモ、粗みじん切りのタマネギ、味の濃いチーズと合わせたサンドイッチに、ラガービールやスカンジナビアの蒸溜酒アクアビットかウオッカ。醱酵ニシンのオープンサンドイッチは忘れられない食事になるだろう。

ブーケルスの発明があってこそのシュールストレミングであることを、スウェーデンの人々がどの程度ありがたく思っているかはわからないが、ブーケルスに対する謝意をはっきりと形にしている国もある。彼の発明から2世紀ほどのち、神聖ローマ帝国皇帝カール5世はこのオランダ人漁師の墓を訪ね、彼の偉業を称える記念碑を建てるよう命じた。

ブーケルスの故郷、オランダのビールヴリートを訪ねると、今でもブロンズ像を目にすることができる。雨具と雨除けの帽子にエプロンを身に着け、長靴をはいた漁師が、片手に魚を、もう一方の手にはナイフをもって座る像だ。町の市場に於かれた、石の台座にのるこの像こそ、ウィレム・ブーケルスその人のモニュメントだ。

●燻製ニシン――レッドへリング

ニシンを保存する方法は塩漬けと塩水漬けだけではない。漁師たちはニシンを燻製にもした。とはいえこの保存方法も、いったんは塩漬けや塩水漬けにする必要があるのだが、燻煙するので塩や塩水に漬ける時間は短くてよい。また、燻《いぶ》すことで塩味だけのニシンよりも食感や味に深みを出すことができる。

スウェーデンでは、燻製にしたバルトニシンをボクリング（böckling）という。この燻製ニシンを使った料理には、そのものずばり「ボクリング・プディング」という名のおいしいプディングがある。このおいしいプディングには、「ボクリング」・プディングというそのままの名がついている。こんな燻製ニシンは聞いたことがないという人でも、レッドヘリングと呼ばれる燻製ニシンなら知っているだろう。レッドヘリングという慣用表現も有名だが、それよりもずっと前に生まれたレッドヘリング（赤いニシン）という名は、燻製ニシンの身の色からついたものだ。長時間燻煙し、身が深紅になったニシンがレッドヘリングである。

レッドヘリングを初めて作ったのは我が国だと主張する国は今でもいくつかある。イングランドは、13世紀にヤーマスのとある漁師がたまたま作ったのがレッドヘリングだと主張して譲らない。この漁師は、燻煙の熱がこもる燻製場の天井の梁《はり》にニシンを吊り下げておいたがすっかり忘れてしまい、数日間、煙が充満した蒸し暑い小屋にほったらかしにしてしまった。この間にやわらかく傷みやすい銀色のニシンが赤く変身し、まるで魚の形をした厚板のようにカチカチに乾燥して、暑い時期にも傷まず長期の保存がきき、それに細菌も繁殖しないものに変化していた。長く燻煙すればするほどニシンは赤く固くなることを発見したのはこの名もない漁師だった、というのがイングランドの言い分だ。

おもしろい逸話ではある。まんざら作り話でもないのだろう。とはいえ、だからこの保存方法を偶然見つけだしたのはイングランドの漁師だったと断言できるものでもない。少なくともこの1世紀前に、フランスでは燻製ニシン（アランソール）が作られていたからだ。

12世紀のパリの通りには「ニシンだよ！　燻製もあれば、出来たての塩漬けもあるよ！」というニシン売りの声が響いていた。フランスでは燻製ニシンを「ジャンダルム」（国家憲兵）とも呼んだ。この独特の名がついた理由は確かではない。燻製ニシンの赤い色が憲兵の制服のようだったからかもしれないし、憲兵もニシンもピンと背筋を伸ばしているからかもしれ

身を開かずに丸ごと燻製にしたニシン。ロンドンのバラ・マーケット。

ない。フランスと似たような名であるのはたまたまなのだろうが、ヤーマスではレッドへリングを「民兵」、スコットランドでは「グラスゴーの治安判事」とも呼んだ。

フランスやイングランド、あるいはその他のどの国が発祥であれ、レッドへリングの作り方はどれも同じだった。塩漬けしたニシンの鰓《えら》に串を通して弱火の上に吊《つる》し、燻煙する。まず2日間燻したら2日間火からおろし、再度2日間燻す。この手順を、ニシンが深紅になり、乾燥してカチカチになるまで続ける。しっかりと乾燥させたニシンは湿度や温度が高くなっても腐らないし、中世の手荒な輸送にもよく耐えた。

19世紀に冷蔵技術が生まれると、こうした面倒な保存処理は不要になった。とはいえレッドへリングは今も生産され、冷蔵設備がなく気温の高い地域に輸出されている。現在もアフリカやカリブ海地域の料理には非常によく使われており、またこの地域の料理は、交易によってヨーロッパから持ち込まれたものだと考えられている。

レッドヘリングを食べる前には少々下準備が必要だ。切れ味のよいナイフで頭と尾を切り落とし、次に皮をはぐ。あまり塩味が強くないほうが好みなら、切り分ける前に水に漬けておく。昔の料理書には、熱いビールに2時間から2日間漬けておくと書いてある。少数意見ではあるが、バターミルクや冷たい紅茶に浸しておくというものまであった。

『ビートン夫人の料理書 *Mrs Beeton's Everyday Cookery*』1963年版のレシピには、ほかにも昔ながらの料理法が紹介されている。まずレッドヘリングに熱湯を注ぎ、数分たったら湯を捨てる。次に温かい牛乳をニシンに注ぎ、1時間ほどおいておく。それからニシンの皮をはぎ、身を切り分ける。この切り身にオイルとビネガーをたらし、きざんだゆで卵の黄身とガーキン［ピクルスに使用される若いキュウリ］をふりかける。卵やガーキンが好きでなければ、角切りにしたゆでジャガイモをのせてもよい。

レッドヘリングがどのようにしてイングランド人の言語に入り込み、「人の気をそらす誤った情報」や「煙幕」という意味をもつにいたったかについては、複数の説がある。ひとつは、脱獄囚がレッドヘリングのにおいで自分のにおいを隠し、追跡してくる猟犬をまいたからというもの。ニシンのにおいで犬は道を誤り、囚人は逃げおおせたというわけだ。

こんな説もある。中世の猟師が猟犬に獲物を追わせる訓練をするさい、レッドへリングで別の道ににおいをつけて惑わせることで正しいにおいをかぎわけられるようにしたから、というものだ。この訓練方法に近いものでは、１６８６年刊行の『スポーツマン事典——または紳士の友 *The Sportsman's Dictionary: Or The Gentleman's Companion*』でニコラス・コックスが、「死んだネコやキツネを（必要な場合はレッドへリングも）３〜４マイル［約５〜６・５キロ］道に引きずり……そして犬を放ってにおいを追わせる」と書いている。

さらには、17世紀のイングランドの聖職者にまつわるものだという説もある。その聖職者の従者が質《たち》の悪いいたずらでからかわれたことが起源となったという話だ。チチェスターの大執事ジャスパー・メイン［チチェスターはイングランド南東部の都市。大執事は聖職位のひとつ］は、長く仕えた従者に大きなかばん１個を残すという遺言をした。中身は「これがあれば今後も酒が飲める」ものらしい。期待に胸をふくらませた従者がかばんを開けると、そこに入っていたのはたった１匹の燻製ニシン。従者の期待を裏切った遺産がレッドへリングだったことが由来となったというわけだ。

●燻製ニシン——キッパー

レッドへリングについては不確かな話が多いが、もう一方の燻製ニシン、キッパーの由来

スコットランドのキッパーの広告（19世紀後半）

は非常にわかりやすい。1843年、ニューカッスル・アポン・タイン［イングランド北東部、タイン・アンド・ウェア州の州都］のジョン・ウッジャーがサケの燻製作りをニシンで試してみた。「kipper（キッパー）」には燻製にするという意味があり、このため「kippered herring（キッパード・ヘリング）」（燻製にしたニシン）またはキッパーとなったのだ［実際にはキッパーの由来についても諸説あるようだ］。さまざまな燻製ニシンのなかでも一番まろやかな風味のキッパーは、腹ではなく背から開いて内臓を取る。きれいに取ったら塩水に最低でも30分間漬ける（漬けておく時間はニシンの脂ののり具合による）。脂がたっぷりのニシンほど、長く漬けて腐敗しないようにする。

　塩水から取り出したら、樫《かし》をたきぎにした弱火の上にニシンを吊して12時間ほど燻煙する。こうすると、ニシンはその名のキッパーの通り、赤銅色になる。12世紀初めから16世紀初めに使われた中期英語では、赤銅色を「キパー（kypre）」と言ったのだ。

ウッジャーが作った燻製のニシンは、日持ちがすることは同じでも、レッドヘリングのように固いものではなかった。しかしその分、ウッジャーの燻製ニシンは何時間も水に漬けて戻す必要がなかった。レッドヘリングよりも風味や食感が軽いキッパーは、くどくなくて食べやすい燻製ニシンを好む人にはもってこいだった。

ウッジャーはノースイースト・イングランドでジョン・ウッジャー・アンド・サンズ社を創設し、この燻製ニシン作りを大規模な事業に育てた。その後ウッジャーは毎年2000万匹ものキッパーをロンドンとその周辺地域に出荷することになる。以降、キッパーはイングリッシュ・ブレックファストには絶対に欠かせないものとなっている。朝食には、火であぶったり、焼いたり、ゆでたりしたキッパーを、バターを塗ったトーストにのせて食べる。イングランドの一日は、この安価でおいしく栄養のあるニシンを食べることからはじまるのである。

キッパーは、イングランドのお茶の時間にも登場する。熱い紅茶に添えてキッパーを出すことが多いが、ウイスキーにもよく合うと言われている。ソース代わりにジンをキッパーに

イングランドのヨークの朝食。キッパーと、蒸してつぶしたジャガイモを味付けして焼いたポテトケーキ。

かけるのが本当のやり方だという人もいる。

キッパーが誕生して100年もたたないうちに、キッパーの生産者たちは、このもともと安価な燻製のコストをもっと下げるために手抜きをするようになった。第一次世界大戦の終盤、ニシンを赤銅色に染めて偽物のキッパーを作る業者が現れたのだ。彼らはニシンをアナトーに浸して染めた。アナトーとはブラジル産のベニノキという植物の種から取った着色料で、これに漬けたものは赤みがかったオレンジ色に染まる。

染めたニシンは燻製ニシンの倍の利益が出た。きちんとした手順で燻煙すると、ニシンの重量は15パーセントから20パーセントも減少する。燻製にするとそれだけ水分が失われるわけだが、染めるだけだから重さは変わらない。すでに着色済みであり、燻煙するにしても、赤銅色になるまで長時間燻製窯に入れておく必要もない。あまり水分が失われないので「重いニシン」として販売でき、箱に詰めるニシンの数は少なくてよい。少ないニシンで本物のキッパーと同じ金額を請求できるというわけだ。

生産者がニシンを染めることで水増ししたキッパーは、しかし客にとってはごまかしにほかならなかった。きちんと金を払って本物の燻製ニシンを買ったつもりなのに、実際には染めて色を付けたニシンにすぎない。それに、赤銅色が偽物であるばかりか、同じ代金で買えるキッパーは少なくなってしまう。たとえこうしたごまかしがひどく悪質なものではなかったとしても、水分を多く含んで身にしまりがなく、長持ちしないキッパーであることは明らかだった。消費者は不満の声を上げた。

悲しいことに、こうしたキッパーもどきを大量に作る生産業者に淘汰されてはたまらないと、ほかの業者も次々と同じようなものを作りはじめた。１９３０年代に入ると、染めていない本物のキッパーはないに等しい状況となってしまい、消費者は「ペインテッド・レディ(化粧したご婦人)」——偽物のキッパーにつけられたあだ名——を買うしかなかった。

本物のキッパーが戻ってきたのは、１９５５年にサンデー・タイムズ紙が掲載したスモークサーモン（サケの燻製）に関する記事がきっかけだった。この記事を読んだ沿岸部の町ローストフトのある住民が、染めたものではない、出来たての本物の燻製ニシンを編集部に1箱送った。翌週、サンデー・タイムズ紙はふたたび燻製の魚の記事を掲載した。今回の記事は正しい製法で作ったローストフト産キッパーのおいしさを称える内容で、このキッパーは一気に読者の注目を浴びることになった。ローストフト産キッパーに注文が殺到し、本物のキッパーが市場に戻ってきたのである。

●その他の燻製ニシン

キッパーはレッドヘリングと同じくらい日持ちがよく、ブローターにひけをとらずおいしいと言われている。ブローター（bloater）とは、丸々としてはちきれんばかりの外見からついたわかりやすい名で［bloat には「ふくれる」といった意味がある］、スウェーデン語の「blöta」も由来となっている。この言葉は「浸す」という意味だ。フランスのノルマンディより北にある港では、同じような「ブフィ（bouffi）」という燻製ニシンが特産だ。これも「ふくらんだ」や「丸々とした」という意味をもつ言葉だ。もともと、ブローター（bloater）は太った魚（bloat fish）と言われていたのである。

昔は、地域によってブローターの製法が異なっていた。ウェールズではニシンを塩で厚く覆い、グレートヤーマスではニシンが浮く濃度の塩水にニシンを浸した（ただしどちらの手順もニシンの上に木の重しを乗せる点は同じだった）。そしてやわらかくなるまでまる1日おく。1日おいたらニシンを洗って乾燥させ、あまり時間をかけずに20℃から30℃の低温で冷燻にする。こうしてできたニシンにはかすかにスモーキーな香りと臭みがある。この独特の風味は、胃や腸内酵素が残っていることから生まれる――レッドヘリングやキッパーとは違い、ブローターは冷燻にする前に内臓を抜かないからである。独特な風味にくわえ、ブローターはほかの燻製ニシンとは色も異なり、わらのような色合いをしている。賞味期限も短い。冷蔵しても10日ほどしかもたない。

ブローターは、火の前にこれを吊し、その下にトーストをおくというのが昔ながらの食べ方だ。こうしておくと、あぶったブローターから脂のしずくが垂れてトーストに風味が移る。割いたブローターにバターをつけて直火であぶり、熱々で食べるのは現代風だ。

燻製ニシンにはもうひとつ、ドイツ生まれのバックリング（buckling）［ドイツ語では「ビュックリング」という］がある。内臓は抜かず、頭を取ったニシンを30分塩水に漬け、4時間ほど52℃から80℃で温燻《おんくん》にしたものだ。温燻によりニシンが半調理状態になり、皮がよじれる（buckle）ことからこの名がついた。仕上げに濃い煙で燻すことで、ニシンは金色になる。バックリングはブローターと同じく内臓を取っていないため、カビのような臭いがして賞味期限

さまざまなタイプの酢漬けニシン。ノルウェーのオスロ。

が短い［内臓を取ったものもある］。

ブローターやキッパー、レッドヘリングと同じように、バックリングも朝食によく出る。ドイツではビュックリングをライ麦の黒パンとバターと合わせる。またスクランブルエッグやフライドポテトを添えることもある。冷やしたバックリングは、ホースラディッシュ［和名はセイヨウワサビ。薬味として使用する］や、トマトやキュウリをドレッシングであえたトスサラダとよく合う。

◉酢漬けニシン

ニシンの保存方法で一番よく目にするのがビネガー（酢）を使ったものだ。酢漬けのニシンを作るときも燻製ニシン同様、まず塩漬けにする。酢漬けでは、丸ごとそのままのニシンではなく開いたものを使うことが多い。塩漬けしたニシンを冷水に6時間から12時間浸したら、ビネガー、砂糖、香辛料を混ぜた漬け液に漬ける。そして冷蔵庫で最低丸1日漬け込む。

このレシピは簡単そうだし、実際、家庭でも酢漬けニシンは作れる。塩漬けのニシンの開きと漬け液、浅い皿、冷蔵庫とフタ付きの密閉容器さえあればよい。酢漬けにして容器に保存すれば冷蔵庫で数か月はもつ。ニシンは漬け液のなかでまろやかになり、酢は酸性溶液のため小骨も――溶けないまでも――やわらかくなる。なめらかな食感にほのかな甘さをもつ酢漬けニシンは、舌の上でとろけるようだ。

おそらく酢漬けニシンの起源は、野菜を酢や調味料に何度も漬け込むことにならい、誰かが思い立ってニシンでも同じことをやってみた、といったところではないかと思うのだが、最初に酢漬けニシンを作ったのは自分だと名乗り出た人物はいない。記録によると、酢漬けニシンが生まれたのは中世のヨーロッパだという。塩水に漬けるのと同様、酢に漬けることで遠くへ輸送し、またかなり長期にわたり保存することが可能になったのだ。

酢漬けニシンを使った料理は数えきれないほどある。オランダ、ドイツ、スコットランド、ロシア、ポーランド、ノルウェーでは、酢漬けニシンが前菜やサラダやサンドイッチに使われ、また軽食としても出される。ユダヤ教徒の食事で酢漬けニシンを使った有名なものといえば、酢漬けニシンと卵、リンゴ、タマネギ、パン粉をペースト状にしたスプレッド［バターやジャムのようにパンなどに塗って食べるもの」や、きざみニシン、シュマルツヘリングなどがある。シュマルツヘリングには、生のニシンを食べるオランダのマーチェと同様、産卵前の若いニシンで、脂肪分が18パーセント以上のものを使う。ただしマーチェと異なるのは、シュマルツヘリングはニシンを開いて塩に漬けたあと、酢漬けにして食べる点だ。

酢漬けニシンを大量に食べる国はいくつかあるが、なかでもデンマークは群を抜いている。デンマークでは、市場や道ばたの屋台から高級レストラン、それにスウェーデンのスモーガスボードにあたるコーレ・ボーでも、酢漬けニシンを目にするはずだ。デンマークにある酢漬けニシンの種類は1年の日数よりも多い、などと当たり前のように言われている。

デンマークの夕食は、ニシンではじまるコース料理であることが多い。それに、酢漬けニシンを使わないスモーブローなど考えられない。このオープンサンドイッチに使うのはライ麦パンだ。パンに塗るのはラード（豚脂）しかありえないと言う人もいればバターだと言う人もいるが、バターのほうが一般的だ。酢漬けニシンには蒸溜酒のアクアビットを1杯添えるべきだとも言われている。消化を助け、ニシンを胃に流し込んでくれるらしい。

買ったり作ったりするのは酢漬けニシンだけではない。酢漬けニシンで作る「ロールモップ」もある。ドイツで生まれたロールモップは、まず開いたニシンをビネガーの漬け液に浸す。漬け液から取り出したら、ニシンの身でタマネギのスライスやケイパー［フウチョウボ

大皿に盛り付けた、酢漬けニシンを使ったデンマーク料理。

ク科の低木のつぼみを塩漬けや酢漬けにしたもの］をマリネにしたものを巻いてつまようじでとめる。キュウリやディル［ハーブの一種、香辛料］のピクルスとタマネギを巻くこともある。オランダでは、マヨネーズを薄くぬったライ麦パンにロールモップをのせ、冷やしたビールとともに食べる。

ドイツは「ビスマルクへリング」発祥の地でもある。この名物料理を発明したのは、19世紀のドイツ人商人であり醸造者でもあるヨハン・ウィヒマンの妻、カロリーヌだった。カロリーヌは、シュトラールズンドに夫が出しているバーのキッチンで、バルトニシンを開いて樽に詰め、酢漬けを作っていた。夫のヨハンは、地

ニシンのスモーブロー

元でやっている宝くじに当たるとバーを閉め、カロリーヌの酢漬けニシンにヒントを得た魚の缶詰工場をはじめる。

その後ウィヒマンは、バルトニシンの酢漬けの樽を、首相であるオットー・フォン・ビスマルクに誕生祝いの品として贈った。後日、もうひと樽を送ったさいには手紙を添え、妻が作った酢漬けニシンに首相であるビスマルクの名をつける許可を願った。ビスマルクはこれを承諾し、こうしてビスマルクヘリングが誕生したというわけだ。

ビスマルクヘリングとロールモップは、何千とはいわないまでも、何百とある酢漬けニシンのレシピのほんの一例でしかない。スカンジナビア半島では、酢漬けニシンに多彩な食材を合わせる。サワークリーム、チャイブ

［ネギの仲間で、中空の細長い葉をもつハーブ］、ケイパー、タマネギ、マスタード、ディル、ワイン、シェリー酒、トマト、オレンジゼスト［オレンジの皮の最上層を切り取り細かく切ったもの］、ビーツ［赤かぶに似た鮮やかな赤紫色の野菜］など、さまざまなものがある。デンマークのカリーシルド（カレーヘリング）は、酢漬けニシンをカレーのペースト、マヨネーズ、サワークリーム、リンゴのスライス、つぶしたコリアンダーやマスタードシードなどのスパイスと合わせたものだ。

ほかの国々でも、酢漬けニシンにはさまざまな食材を合わせる。フィンランドのパテ、ヴォルシュマックは、酢漬けニシンと、牛と子ヒツジのひき肉、ニンニク、タマネギ、トマト、アンチョビ［カタクチイワシの塩漬けをオリーブオイルに浸したもの］を混ぜたものだ。ロシアのサラダ、シューバ（「毛皮のコートをまとったニシン」［シューバとは毛皮の防寒用コート］）は、きざんだ酢漬けニシン、タマネギ、ジャガイモ、ニンジンを層にし、赤紫のビーツをのせる。

現代北欧料理には、酢漬けニシンを使った、とても好奇心をそそるメニューがいくつかある。アイスランドのレイキャビクにあるレストラン「ディル」では、ニシンで作ったアイスクリームを、酢漬けニシンの切り身、シャロット［ユリ科の多年草。タマネギを小さくしたような形で香草として用いる］のピクルス、ライ麦パンのパン粉を盛り付けたものに添える。コペンハーゲンのレストラン「ノーマ」には、薄くスライスしたカボチャで酢漬けニシンをくるみ、クルミのソースをかけたメニューがある。一見、インボルティーニ〔好みの材料を肉や魚、野菜で巻き、加熱したイタリアの家庭料理〕のようだが、ごてごてとしたソースやどろりとしたチーズは一切使っていない。

ここで紹介した以外にもユニークな料理は多く、それは、小さなニシンがいかに万能の魚であるかの証である。

第4章◉ニシンと戦争

◉重労働を担うラッシーたち

ニシンが、男女の別なく数えきれないほどの人々の生活に影響をおよぼしてきたことは確かだ。この銀色の魚を獲る漁師も、厳しい冬のあいだニシンを食べて生きる小作農も、ニシンがなければ生活の先行きは見えなかった。ニシンには厖大な人がかかわり、歴史の記録に残されているのは男性であることが多いが、ニシン産業では数多くの女性たちも働いてきた。そして女性たちが受け持った作業はすべて、ニシンが市場で高い人気を誇るために欠かせないものだったのである。

伝説となるほど有名になったのは、イギリス諸島の、とくにスコットランドの女性たちだ。

ニシンを売るロンドンの魚売り（19世紀後半）

「ニシンの選別——ノースシールズ港」エドガー・G・リー撮影（1898年頃）

ヘリング・ラッシー、キッパー・ラッシー、あるいはスコッチ・ラッシー［ラッシー（lassie）とは、スコットランド語で娘、お嬢さんを意味する言葉］と呼ばれたこの女性たちが行なっていたのは、ニシンの内臓を取り、内臓を取ったニシンを容器に詰める作業だ。19世紀半ばには事実上ラッシーたちがニシンの保存処理を一手に担っていた。彼女たちのおかげで漁師たちは船に長時間乗ることが可能となり、ニシンの水揚げ量増大も期待できたのだった。

漁師はニシンを追い、スコットランド沿岸をシェトランド諸島［スコットランドの北岸沖約200キロにある島群］からグレートヤーマスへ、またアウター・ヘブリディーズ諸島［スコットランド北西岸に連なるヘブ

ノースシールズ港で魚を売る女性たち（1900年頃）

リディーズ諸島に属する島々」から イーストアングリア［イングランド東部の地方］へと向かった。ニシン漁船が水揚げする港にはいつもヘリング・ラッシーたちがいた。1913年には、スコットランドとアイルランド東岸からニシンの処理作業に向かった女性たちは6000人を超える。女性たちは列車に乗って港から港へと移動していった。一度列車に乗ると旅は何か月も続いた。

ラッシーたちは3人ひと組で仕事をする。ふたりがニシンの内臓を取り、ひとりが処理したニシンと塩を交互に木樽に詰めていく。樽1本には700匹から1000匹のニシンが入る。天候にかかわらず1日に10時間から15時間も作業を続ける女性たちは、1日35〜75本の樽詰めを手際よくスムーズに行なった。1913年の1年間だけで、イギリスのヘリング・ラッシーたちが漁シーズンの14週間に保存処理したニシンは8億5400万匹にのぼった。1分間に16匹のニシンを処理するとしても、これはかなりの数である。

女性労働者たちがもらうのは雀の涙ほどの賃金ではあったが、詰めた樽の数に応じてボーナスも出た。繁忙期には週6日働き、休むのは日曜日のみ。ニシン漁のシーズンが終わっても女性たちの仕事は続く。晩秋になると家に戻りこそするが、冬は冬で網の補修や次の漁の準備が待っている。

転々と場所を変えながら重労働をこなすヘリング・ラッシーたちは、当時の女性労働者の草分け的存在だった。下は13歳から上は60歳以上まで、どうしてこれほど多くの女性たちがこの割に合わない仕事に引き寄せられたのか、驚きを禁じ得ない。労働環境は理想的なものとは程遠かった。塩を扱うため手の皮膚はカサカサになり、水膨れができたりすりきれたりしてヒリヒリと痛んだ。内臓を取るときにできた傷には塩がピリピリとしみた。うっかり傷に塩をすりこんでしまった経験がある人には、ほんのわずかな塩でもどれほど痛く感じられるかおわかりになるはずだ。塩だらけの作業場で休憩も取らずに働く女性たちは、少しでも手を守ろうと細長い布を手に巻いた。こうした布は「クローツ」と呼ばれた。スコットランドでボロキレや布、包帯を意味する言葉だ。だがこの包帯代わりの布を巻いていても、手に傷ができるのは防げなかった。

厄介なのは塩だけではない。魚の内臓を取る作業ということから想像がつくように、ラッシーたちは、いたるところに飛び散るおびただしい血やうろこ、それに内臓が放つ悪臭を我慢しながら作業した。ヤーマスなど多くの港町の作業場の床はこうしたうろこや内臓であふれんばかりとなり、さらには洗い流すこともなく、足元にニシンを処理した魚くずがたまるなか1日じゅう立ちっぱなしで作業していたのである。ニシンの血や内臓の汁がつかないように、ラッシーたちはエプロンをつけ、長靴をはき、ヘッドスカーフで髪を覆っていた。これでいくらかは汚れるのを防げたものの、晴れて暑くなると今度はむれてしまうのだった。

来る日も来る日もラッシーたちは死んだニシンの悪臭を我慢しながら作業しなければならなかった。この腐敗臭は服にも肌にも髪にも染みついた。本人は強烈なにおいにだんだん慣れてくるものの、作業にかかわりのない人々はそうはいかない。ラッシーたちがかばんを引いて町に到着する頃になると、宿屋の主人や大家はお高いウールの絨毯をしまい、安いわらのゴザをひっぱり出す。そして、死んだニシンのにおいを漂わせるラッシーたちが町を出ていってしまうと、彼女たちが使ったゴザを捨てるのだった。また宿では、ラッシーとほかの泊まり客の部屋を離しておくのが普通だった。

部屋の問題もあった。ラッシーたちが滞在するのは、たいていは家具も暖房もないところであり、ニシンを詰める樽を保管する倉庫の場合さえあった。そうした宿では、ベッドや調理器具、椅子などを自分たちでそろえなければならなかった。

12世紀初めになると宿泊環境は多少ましになり、下宿に泊まれるようになっていた。温かい食事もつき、備え付けの家具も使えるようになった。とはいえ宿泊代は自腹だし、ひとつのベッドを3人で使うこともあるというありさまだった。さらに、宿で出る食事の材料は自前で用意する必要があった。いずれにせよ、粗末な倉庫に泊まるよりは改善された、という程度である。

しかしこうした劣悪な環境にもかかわらず、ラッシーたちは自分たちの仕事に誇りをもち、強い絆で結びついていた。歴史家は、ラッシーたちが声を合わせて歌いながらニシンを処理するようすを書き記している。夜は集まって編み物をし、故郷の漁師町の歌を歌っては踊った。仲間意識は強かった。十分ではなかったものの賃金はきちんと支払われており、ニシンの仕事さえあれば、誰にも頼らずに生きていけた。仕事を通じて結婚相手を見つけ、家族を作るものもいた。子や孫が漁師やニシンの保存処理の仕事に就くことも多かった。めずらしい例ではあるが、6世代にもわたりニシン漁の仕事をしている家族もあった。

総合的に見れば、ラッシーたちはニシン漁にかかわることでよい人生を送れたと言えるだ

ニシンの缶詰。スコットランド、アバディーンのマーシャル社製品。

ろう。だが一方で、そうとは言えない人々もいた。「ニシン戦争」に巻き込まれた男性たちのなかには、ニシンをめぐって争い、命を落としたものもいたのである。

●英蘭戦争

1652年のニシン漁シーズンがはじまる前、イングランドとオランダの漁師のあいだではときおり小競り合いが起きていた。どちらがその年の初物のニシンを水揚げするかの争いだ。こうした小競り合いは交易ルートと漁業権をめぐって2国間で行なわれる全面戦争の陰に隠れ、ほとんど取り上げられないのが実情だ。だが海の覇権をめぐる1652年以降の一連の紛争は、英蘭戦争と呼ばれ非常に有名になった。

1653年にスヘフェニンゲンの海戦でオランダのマールテン・トロンプ提督を倒し、1500隻近いオランダ商船を拿捕《だほ》または撃沈すると、イングランドは第一次英蘭戦争における勝利を宣言した。この勝利でイングランドは北海での漁業権を得る。そして数年で、ヨーロッパのニシンの水揚げと保存加工を一手に握るようになった。

1665年にはオランダがニューファンドランド島［カナダの東海岸にある巨大な島。世界有数の漁場グランドバンクスに近い］のセントジョンズを襲撃し、イングランドがそこで確立していたニシン漁を奪った。8年後、オランダはやはりイングランド領土であるフェリーランド［セントジョンズの南］に侵攻。襲撃者たちは30隻以上もの漁船に火を放ち、運びだせるだけのニシンを自分たちの漁船に移した。

英蘭戦争は1784年まで続いた。オランダ海軍は壊滅に近い状態となり、船は20隻ほどにまで減ってしまった。領土や交易ルートや漁業権までも失い、オランダ経済は低迷した。一方のイングランドは交易の基盤を拡大させ、東インドを拠点に経済の強化を図っていた。

●フォーチュン湾での暴動

19世紀後半には、ニシンがふたたび戦争で取り合う獲物となった。今回はイギリスとアメリカ合衆国が大西洋での漁業をめぐって争ったのである。1871年にはワシントン条約が締結され、アメリカはイギリスに550万米ドルを支払い、セントローレンス湾［カナダ南東部に位置する湾］とニューファンドランド島海域での漁業権を得た。だが漁業にかかわるすべての人がこの条約によろこんだわけではなかった。ニューファンドランド島の漁師たちには、漁をする権利と自分たちが獲るはずのニシンがアメリカに奪われたという思いしかなかった。ニシンを獲れなくなれば、収入を得て家族を養うことができなくなる。そうした状況に不満を抱き、先行きを悲観するカナダの漁師たちは、やむにやまれずフォーチュン湾暴動［フォーチュン湾はセントローレンス湾の支湾］を引き起こしたのだった。

1878年1月6日、ニシンがニューファンドランド島のフォーチュン湾に移動してきた。アメリカのスクーナー漁船［2本以上のマストをもち、船尾と船首を結ぶ線に沿ってマストの片側に帆を張る縦帆式の帆船］はこの湾での漁を条約で認められていたため、長さ730メートル、深さ4・6メートルもの引き網を設置した。アメリカ漁船の期待通り、大型の引き網はすぐにニシンでいっぱいになり、2000個もの木樽を満たすほどのニシンが獲れた。ニューファンドランド島の海岸には200をくだらない人数の漁師たちがつめかけてこのようすを見ていた。彼らは、アメリカ漁船の大漁に怒りを募らせた。これは自分たちの大きな損失にほかならなかった。カナダの漁師たちは船を出し、今まさに自分たちに絶望をもたらしている船団のほうへと向かった。まず漁師たちは、アメリカ漁船の網にかかったニシンを海に放すよう要求した。この申し入れが通らないとわかると、アメリカのスクーナー漁船2隻から引き網を奪い取ってニシンを逃がし、網を破り捨てた。

同日、もう1隻のアメリカ漁船モーゼス・アダムス号も――その2隻より少しはましだったものの――襲われた。すでにリボルバー（回転式拳銃）で武装していた船長をはじめ乗組員らは急遽ニシンを網から引き上げ小船に移し、モーゼス・アダムス号まで急いで運ぼうとした。阻もうとするカナダ人漁師たちに撃つぞと脅しながら、一部のニシンをどうにか確保することに成功する。だが結局、勢いづいたカナダ人漁師たちはアメリカ漁船の引き網をすべて引き裂き、残りのニシンを逃がしたのだった。

ニューファンドランド島の漁師たちはこれに沸いた。海岸に戻ると夜まで興奮は続き、アメリカなんてたいしたことはないと言っては奇声を上げ、銃をぶっ放した。アメリカ漁船にはっきりとノーを突きつけ、フォーチュン湾の暴動に勝利したのだ。アメリカの漁船が漁を続けても、また同じことが起こるのは目に見えていた。翌日、ふたたび襲撃されるのを恐れたアメリカのニシン漁船団は帰っていった。だが、ニューファンドランド島の漁師たちの高揚感も長くは続かなかった。アメリカはあきらめることなく、この海域でその後何十年もニシン漁を続けるのだ。

戦いは、アメリカ漁船とカナダ人漁師のあいだのものだけではなかった。アメリカ人どうしもニシンをめぐって争ったのである。1806年、マサチューセッツ州の町ファルマスの住民が、この町を流れるクーネームセット川沿いに建つ3つの製粉所への反対運動を起こした。製粉所ができたせいで地元でニシンが獲れなくなったと主張する町の人々は、製粉所がもつ特権をなくし、川沿いにある製粉所の建物の一部の移動を主張した。こうした運動に激怒した製粉所側は反撃に出て、グリーン村にある大砲にニシンを込めて火をつけた。ところが、町の人々に死んだニシンをばらまくどころか大砲が暴発し、点火した人物が命を落としてしまった。しかしこうした悲劇を引き起こしてもなお、製粉所とファルマスのニシン漁を支持する人々との争いはその後も続いた。

●抱卵ニシン漁をめぐる衝突

ニシンをめぐる争いはまだまだある。近年では2015年2月に、カナダ西岸、ブリティッシュコロンビア州の科学者、漁師、先住民たちが、抱卵《ほうらん》ニシン漁解禁の方針をめぐってカナダ政府と衝突した。この争いに火をつけたのは、タイヘイヨウニシンがすでに個体数を減らしている現実だった。普通ならまずあり得ないことだが、抱卵ニシン漁の解禁は無謀だという点で科学者、漁師、先住民の意見が一致し、同盟を組んだのである。

ニシンがこれ以上減少すれば、海鳥やアザラシ、クジラ、クマなど、ニシンを捕食するあらゆる生物も減少するだろう。1960年代後半まで乱獲が続き、絶滅しかけるほど減少したザトウクジラは今なお絶滅危惧種であるが、こうした魚や動物の個体数回復にも障害となるはずだ。ニシン自体が永久にいなくなってしまう可能性もあった。

その前年の2014年にはブリティッシュコロンビア州沿岸部の先住民が、ニューファンドランド島の漁師の暴動を参考に、ニシンの商業漁業を阻止しようと海に繰り出して実力行使に出ようとしたことがあった。そして先住民の一部が連邦裁判所に漁に対する禁止令を出すよう求め、これが認められたのである。一方で政府は、大規模漁に対する妨害行為を止めさせるため王立カナダ騎馬警察を派遣した。このときは最終的に政府が引き下がったものの、2015年になって、抱卵ニシン漁を解禁すべきかどうかの論争が再度もちあがったのだ。

●フェロー諸島への制裁

カナダの国民がこうしてニシンを守ろうとする活動を行なう一方で、地球の反対側のデンマーク保護領フェロー諸島の人々は、ニシン保護のための規則をまるで無視していた。問題になったのは、欧州連合（EU）によるニシンの漁獲割当だ。スコットランド北部とアイスランドのほぼ中間に位置するフェロー諸島は、周辺海域にほかの海域よりも多くのニシンが生息するため、他の地域よりも割当を増やすべきだと主張していた。実際、人口5万人程度のフェロー諸島は、タイセイヨウニシンの漁獲枠の約5パーセントもの割当を分配されている。

しかし2013年3月、フェロー諸島は漁業管理規則を破り、認められた漁獲量の3倍にのぼる10万5000トンものニシンを捕獲した（当時、規則の対象となるアイスランド、ノルウェー、ロシア、フェロー諸島、EU加盟国の全体で設定していた総漁獲量は61万9000トンだった）。結局、EUはフェロー諸島に制裁を科した。2013年8月から2014年8月まで、フェロー諸島はニシンとサバをEU諸国に輸出することを禁じられる。さらに、フェロー諸島の漁船はニシンを積んでEU加盟国の港に入ることができなくなった。

◉ニシン戦争

役割としてはあまり大きくないが、戦争にニシンという名がつく例もあった。15世紀にフランスのルヴレ付近で起きた「ニシン戦争」がそうだ。1429年2月、百年戦争［フランスの王位継承をめぐる、フランス、イングランド間の戦争。フランスを戦場に、1337〜1453年まで100年あまりにわたって行なわれた］のさなか、イングランドはオルレアンのフランス駐屯部隊を攻撃する自国軍に500台の荷車を派遣した。荷は、大砲、大砲の弾、クロスボウ［ヨーロッパで用いた弓の一種］、そしてニシンだ。荷車のうち300台が塩漬けニシンを載せていた。四旬節はすぐそこに迫っていたので、保存加工したニシンを大量に必要としていたのである。

1429年2月12日、フランス軍およびフランスと同盟を組むスコットランド軍は、フランス北東部ルヴレ付近でイングランドの荷車隊に出くわした。両軍はこの小規模な輸送隊を捕らえて壊滅させようとした。フランス軍は数で優勢だったが、スコットランド軍が大きな失策をしてしまう。馬を降りて隊列を乱すべきではなかったのに徒歩で敵に向かったのだ。そこにイングランドの射手が矢を放ち、兵士たちは次々と命を落とした。結局フランス軍とスコットランド軍は敗走せざるを得ず、ニシン戦争に敗北した。正確にはニシンをめぐって争ったわけではないが、この戦いは今後もずっと、ニシンにまつわるものとして語り継がれるだろう。

●戦中・戦後を支えたニシン

ときには戦争の原因となったニシンだが、戦争中の人々の生活を支え、戦争終結直後の生活再建に大きな役割を果たしてきたのもニシンである。第一次および第二次世界大戦中、世界中の国々が、国民にもっと魚と野菜を食べるよう促した。肉類を戦場の部隊に送るためである。食料は配給制となり、国民は割り当てられた必要物資を受け取る生活を余儀なくされ

第二次世界大戦中にカナダで制作されたポスター。女性に、必需品だけを買い、配給食料を使うよう呼びかけるもの。

た。こうした配給食料のなかに、ニシンもあった。

第一次世界大戦中、『グッド・ハウスキーピング』などのアメリカの婦人向け雑誌は配給食品の節約レシピを掲載した。同誌研究所が試作し、「戦時経済と食物の節約に適している」と認めた料理のなかにあったのが「モールデッド・フィッシュ」（moulded fish）だ。このあまり聞きなれない料理は、ニシンとマグロの缶詰、バター、スープストック1カップ、ゼラチン大さじ2、レモン果汁少々、パプリカ少量を使ったものだ。材料をすべて混ぜてペースト状にし、型に入れて冷やす。するとそれぞれの食材が調和した、おいしくて栄養もカロリーも十分な料理に変身するという。

ただしニシンは第二次世界大戦中の食事にもしょっちゅう登場したため、拒絶反応とまではいわないまでも、「代わり映えがしない」と思われる恐れがあった。イギリス食糧省は、これなら作ってみたいと人々が思うような、かつ料理を口にする人々が満足するようなニシン料理のレシピを掲載した小冊子を配布することにした。

ここで提案されていたのは、魚の切り身をニシンのペーストに替えたフィッシュケーキ［魚の切り身をフレーク状にしてつぶしたジャガイモと混ぜ、衣をつけて焼いたり揚げたりしたもの］もどき、グリルしたニシン、焼きニシン、オートミールで衣をつけたニシン、ニシン入りポテトサラダなどである。ノルウェーでは、国民的料理である子ヒツジ肉とキャベツのシチュー

カナディアン・グローサー誌の広告。ウォーレス社のニシンのトマトソース煮。1919年頃。

「フォリコール」を、子ヒツジ肉に替えて塩漬けニシンで作るよう指導していた。

この時代、ニシンはあますところなく利用された。皮つきのベイクドポテトに白子を添えた料理や、ニシンの卵のブレッドプディング［固くなったパンに卵や牛乳をくわえて作るプディング］なども作られた。後者については、ノルウェー政府の広報部が、げてもの料理のように聞こえることを認めたうえで、「本物のおいしいブレッドプディングに近い味」としている。たしかに、食べたいとはあまり思えないもののようだ。ただし覚えておいて欲しいのは、これは戦時中の話であり、甘くておいしいもの、または心弾むような食べ物はめったにない時代だったということだ。

第二次世界大戦後も数年は、ヨーロッパは食料不足から抜け出せなかった。畑や作物は破壊しつくされ、家畜もあまりに多くが殺されていた。大勢の労働者も戦争で命を失っていた。その結果、動物性タンパク質はめったに摂れないものとなっていた。そして空腹を補うため、各国に支援物資として配布されたのが、あきれるほど大量のニシンの缶詰だった。さらに、ニシン料理ばかり作る人々の役に立てようと、ニシン料理のレシピの刊行も続いた。

1951年刊行の料理本『フランスの料理 *French Country Cooking*』のなかで、イギリス人フードライターのエリザベス・デヴィッドは、手早く簡単に、金をかけずに作れる魚料理を紹介している。そこには、ジャガイモのピューレ、コショウ、ナツメグ、ハーブをニシンに詰めて10分間焼いた料理も掲載されている。

安くて大量に手に入るニシンの卵をおいしい料理に変えるレシピもある。デヴィッドは、きざんだトマトや細切りのレモンゼスト、パセリ、塩、コショウ、バター、パン粉を卵にのせ、10分ほど焼くとおいしいと提案している。こうして数々の新しい料理が考案されたことで、戦後、ニシンは以前思われていたよりもずっとおいしい食べ物となったのだ。

ところで、ニシンの缶詰はアイスランドから輸入されることが多かった。最盛期には、このノルウェー海に位置する島の輸出収入の25パーセントから45パーセントをニシンの缶詰が占めたほどだ。第一次および第二次世界大戦中と、ふたつの大戦が終結したあとの数年間に、アイスランドは厖大な量のニシンをスウェーデン、フィンランド、デンマーク、ソ連、ドイツ、アメリカに輸出した。ニシンと、それが生み出す仕事と利益がなければ、今日のアイスランドはなかっただろうとまで言われている。

ニシンは人々の空腹を満たしてくれた。ニシンの群れと漁師が人々を守ったのだ。オランダのように、ニシン漁船がなければ海軍設立はかなわなかった国もある。オランダ以外にも、戦時中にトロール漁船とそれに乗る漁師が海軍の一員として行動した国はあり、たとえばイギリスでは、二度の大戦中に漁船が徴用された。

イギリスのニシン用トロール漁船はイギリス海軍警備隊（ＲＮＰＳ）として徴用され、戦前からの乗員がかじを取って港を巡視し、必要物資を運び、機雷を排除した。トロール漁船を機雷除去用の掃海艇に転用するときは、トロール網を掃海具に取り換えた。イギリスの港湾内の航路で機雷を探索し、発見した機雷を除去したのである。

トロール漁船は防材を設置する役割も担った。防材とは、敵船や潜水艦の移動を妨害するための鎖や網、壁やその他の障害物だ。トロール漁船はこれを設置して、敵の船舶や潜水艦が特定の航路や港に接近することを阻んだ。燃料も輸送した。１９４４年のノルマンディ上陸作戦時にも、燃料の名から取った「エッソ」という名称で活動している。

イギリスのトロール漁船とその他の小型民間船は第二次世界大戦中に１６７３隻が徴用され、およそ２６０隻が撃沈された。海軍警備隊では多くの命が失われた。１９３９年から１９４５年のあいだに亡くなった徴用船の乗組員は約１万５０００人にのぼり、このうち

２４００人ほどが海上で命を奪われている。

第5章◉ヨーロッパ沿岸部以外のニシン

◉北アメリカ太平洋岸のニシン

ニシンがヨーロッパ諸国の形成やときには崩壊に大きな役割を果たしてきたことに異論をはさむ人はいないだろう。アムステルダムやグレートヤーマスといった港湾都市、またスコットランドやスカンジナビア諸国の歴史は、ニシン抜きには語れない。だがニシンは、ヨーロッパ沿岸部から遠く離れた、北アメリカや北東アジアの歴史にも大きくかかわっている。

数千年にもわたり、北アメリカの太平洋岸北西部の先住民はニシンを食べ、ニシンとともに生きてきた。アラスカ南東部のトランギット族とアラスカからブリティッシュコロンビア州にかけて住むハイダ族は少なくとも4000年間ニシンを獲り続け、新鮮なニシンを食べてきたのである。こうした先住民たちはニシンの脂で石鹸も作っている。また、ケルプ（コンブ）やマツ科のアメリカツガの木の枝にニシンが産み付けた卵を乾燥させ、珍味として食べてもきた。

ニシンをあますところなく利用すること――それは最初は「生き延びるための手段」であった。毎日を生きるために、どうにかして食べられるものであればすべて無駄にせず食べたのである。今では、先住民がみなぎりぎりの生活を送っているというわけではないが、ニシンは今日もなお、彼らの暮らしのなかで重要な位置を占めている。先住民は現在もニシン漁をし、塩漬けや酢漬け、燻製ニシンを作っている。乾燥させて食料とするのは、ニシンの卵にしても同様だ。

アメリカ先住民はニシンとともに暮らす伝統を守り、ニシンの個体数を守ろうとする努力を払ってきた。その裏側には、何度もニシンの減少や生息環境が汚染される危機に見舞われてきた歴史がある。19世紀後半、ヨーロッパから太平洋岸北西部に移住してきた人々がニシンの商業漁業をはじめた。当初は漁獲量も控えめで、移住者たちが売った塩漬けニシンは年に14トン弱程度だった。しかし第一次世界大戦後にはこれが、年に1万2700トンに跳ね上がった。

1930年代になると、太平洋岸北西部の漁師たちは毎年11万5000トンのニシンを捕獲するようになっており、これはとても持続可能と言える量ではなかった。そして獲れたニシンの多くは加工場に運ばれ、この貴重な魚が肥料や魚のエサ、魚油《ぎょゆ》に加工されたのである。1926年から1966年までにアラスカ南東部で獲れたニシンの9割はこうした加工を施された。

1939年、アラスカでニシンが急激に減少しはじめた。同年、アメリカ商業漁業局は、アラスカの南東海域にいたニシンの群れがどこに消えたのか突きとめようとしたが、その行方も減少の原因も不明だった。結局、商業漁業局は飼料加工向けニシンの商業漁業を禁じる措置をとることにした。さらに1943年には漁獲枠が設定されたが、年に1万2500トンと、それほど抑制したとは思えない数値だった。

数年間はニシンの数が増減し、それに合わせて漁獲枠も上下した。1959年には商業漁業局にくわえ、同年に州に昇格したアラスカ州も厳しい漁業規制を開始した。その7年後、アラスカ州最後のニシン加工工場が閉鎖された。ニシンがあまり売れなくなったことやニシン自体の減少が閉鎖の理由とされている。

だがアラスカの人々は完全にニシン漁をやめたわけではなかった。ニシンの卵に目を向けたのである。1960年代にはアラスカ沿岸でニシンの卵を目的とする漁がはじまった。当初行なわれていたのは、天然のケルプに産み付けられた卵を採集するというものだった。だ

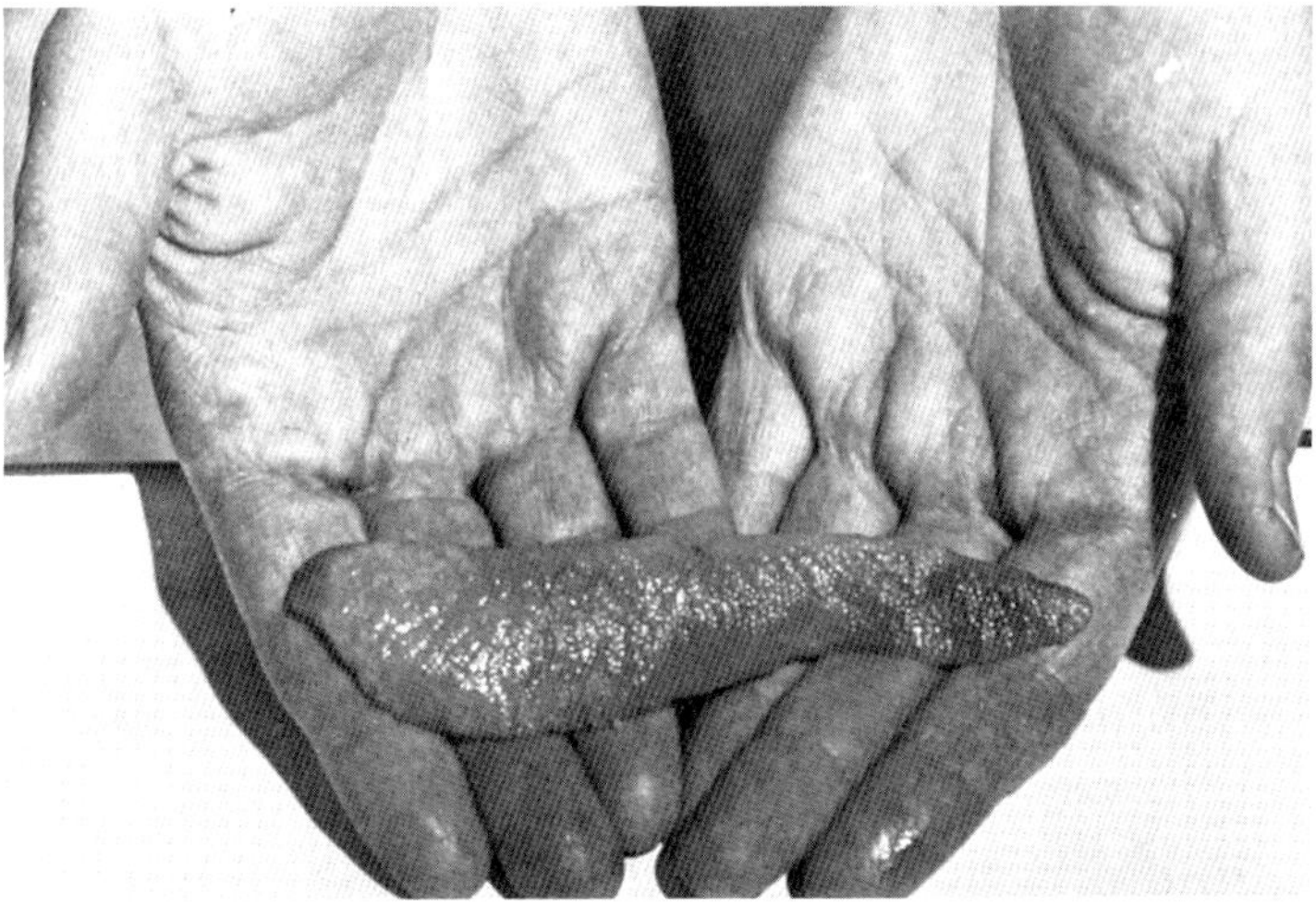

アメリカ太平洋岸北西部産のニシンの卵は日本で珍味とされ、1940年代には1ポンド（約450グラム）あたり7ドルで売られた。

がのちには、ニシンの産卵場所にケルプを付けたロングライン［海藻養殖用の、浮きをつけた長いロープ］を設置したり、ケルプを植えて産卵場所を作ったりするようになる。ただしハイダ族やトリンギット族といった太平洋岸北西部の先住民にとってニシンの卵は大切な食料源だったことから、商業漁業から先住民の漁場を保護するためのさまざまな規制も設けられた。

1970年代に入ると、ニシンの卵を目的とした漁自体に大きな変化が生じた。ニシンが産み終えた卵を採集するぶんには、ニシンへの負荷はまだ小さかったのだが、今度はメスのニシンの卵巣から卵を直接取り出すようになったのだ。産卵直前のメスのニシンから、ニシンの重量の10パーセント以上に育った卵を取り出すという漁法だ。

ニシンの卵巣の主要な市場は日本だった。1970年代は日本産ニシンの供給量が低下しており、それに伴い卵も減少していた。需要に応えるため、日本はアメリカの太平洋岸北西部からニシンや卵を輸入しはじめた。北アメリカのタイヘイヨウニシン（学名 *Clupea pallasii*）が注目を浴びたことでこの地の漁師たちは大きな利益を得たものの、すでに危機にさらされていたこの魚は、さらに苦境に立たされることになった。乱獲や生息場所の消失ほかさまざまな要因で、アラスカ州ジュノーでは1982年にニシンの数が激減し、さらに1993年にはプリンス・ウィリアム湾［アラスカ州南岸、アラスカ湾の北部中央部の湾］でも同様のことが起きた。アラスカのニシンだけではない。1973年から2015年までに、ワシントン州ではニシンが90パーセント減少した。生息しているニシンにしても以前よりも小型になり、寿命も半分ほどだ。だが、アラスカやカナダの先住民が訴訟を起こし、ニシン漁の全面的見直しを提案したにもかかわらず、今も太平洋岸北西部では卵巣を取ることを目的とした抱卵ニシン漁が継続されている。

ニシンの窮状をさらに悪化させたのが海洋汚染だ。エクソン・ヴァルディーズ号の悲惨な原油流出事故は、太平洋岸北西部の海をかつてない規模で汚染した。1989年3月24日、アメリカの石油会社エクソンが所有する石油タンカー、エクソン・ヴァルディーズ号は、プリンス・ウィリアム湾内のブライ・リーフで座礁した。その後の数日間で、積載量24万フレートトン［貨物運賃計算の基礎となる貨物の単位］のこのタンカーは、少なくとも1100万ガロンの原油をかつて汚染されたことのない湾内に流出させた。2010年のディープウォーター・ホライズンの惨事［メキシコ湾沖合の石油掘削施設「ディープウォーター・ホライズン」で爆発事故が起き、原油が流出した］が起きるまで、これがアメリカ領海における最大の原油流出事故だった。この事故は今もなお、人類による最悪の環境破壊として記録されている。

当初、科学者たちは、エクソン・ヴァルディーズ号の流出事故によるダメージは大きくはあるが、影響は短期間でなくなると予測していた。しばらくは野生動物の死が続いたとしても、数年たてば数は回復するし、汚染の副次的影響も消えるだろうと。だが事故から25年以上たった今も、カモもカワウソもクジラも、そしてニシンも影響を受け続けている。

科学者たちは見解を変え、ニシンに対する原油流出の影響は長期におよぶとしている。予想されてはいたが、1989年の原油流出を生き延びたニシンの卵は皆無となった。この地域のタイヘイヨウニシンの数は1990年春にいったん回復したかに見えたが、1993年に激減した。その年のニシンの漁獲量は、前年のわずか14パーセントに落ち込んだ。

事故の影響はこの壊滅的な数字だけに終わらず、科学者たちはさらに気になる報告をしている。ニシンが回遊中に命を落としているというのだ。アメリカ海洋大気庁は調査を実施し、ニシンが長期回遊を行なう能力が低下していることを指摘している。また、ニシンの心臓が変形しているという結果も出ている。心臓に生じた変形は、ニシンの卵や仔魚《しぎょ》が、原油中に含まれる多環芳香族炭化水素（ＰＡＨ）という特定の化学物質にさらされたことが原因ではないかと科学者たちは考えた。またその後の検査で、ＰＡＨが心臓内の回路を伝わる電気信号を阻害し、電気信号が遅くなったり停止したりすることが判明した。このため、海に残存する原油にさらされたニシンは、速く泳ぐことも、遠くまで長期にわたって泳ぐこともできないのである。

こうした心臓の異常や免疫システムの低下は、成魚になるまで育つニシンの減少につながった。さらに、弱い個体は心血管の疾患によって寿命がさらに短くなる可能性がある。またウィルス性出血性敗血症［ウィルスの感染によって、サケ科の養殖魚のほか、野生の淡水、海水種の魚の一部に発生する］に感染する危険もある。このふたつの病気は、プリンス・ウィリアム湾のニシンに猛威を振るっているのである。

ザトウクジラやカワウソや海鳥の生息地回復が、ニシンの減少が続く原因だと主張する科学者もいる。増えたクジラやカワウソや海鳥がおいしいニシンを大量に食べるようになったのだという。ともあれ、エクソン・ヴァルディーズ号原油流出信託評議会は、プリンス・ウィリアム湾内のニシンを、１９８９年の原油流出事故の影響から回復していない動物に分類している。

太平洋沿岸を南下すると、北西部よりもニシンの生息状況は良好である。しかしこの地域でもっぱら行なわれるのは、ニシンの仲間でニシンよりも大型のイワシ（学名 *Sardinia caerulea*）漁であり、そのためサンフランシスコ湾のニシンは乱獲とは無縁である。モントレーにある海岸沿いの有名な通り、キャナリー・ロウでは、1936年から1945年まで毎年33万2000トンものイワシを加工した（イワシよりも小型のニシンは、漁師の網をすり抜けて逃れることができたのだ）。カリフォルニア州のイワシが減少すると、短期間ではあったが、ニシンが缶詰用のイワシの代用品となったことがある。しかし予想通りニシンは人気がなかった。ニシンは漁獲量自体も少なく、1964年にサンフランシスコ湾で水揚げされたニシンは14トンにも満たなかった。

今日、カナダのブリティッシュコロンビア州以南で最大のニシン繁殖地はといえば、サンフランシスコ湾である。ニシンは晩秋にこの湾に到来して湾内にしばらくとどまり、海水温と塩分濃度のバランスがとれて産卵基質［岩や海藻など、卵を産み付けるもの］が十分にあり、捕食者がいない時期に産卵する。これは通常、12月後半から1月上旬までにあたる。

産卵の儀式は、まずオスの精巣内のフェロモンが放出されることからはじまる。これがメスに出番だと知らせる合図となり、メスのニシンは岩や杭、護岸用の石や海藻に粘着力のある卵を産み付ける。びっしりと産み付けられたニシンの卵は幅10メートルにもなり、それが海岸線に30キロも続くとカリフォルニア州魚類野生生物局は報告している。

卵の多くはカモメやペリカンやウ、カモなどの大群が食べてしまう。何万羽もの鳥たちが一斉に海に飛び込んではニシンの卵をひったくるように食べるという。敵は鳥だけではない。アザラシ、アシカ、ネズミイルカやイルカ、さらに大型の魚がこのタンパク質豊富なエサを競って食べるのだ。そして、商業漁業を行なう漁師たちが、11月から3月にかけての産卵期にニシンを追って漁をする。

2014年の産卵期間には、推計で6万6000トンものタイヘイヨウニシンがサンフランシスコ湾にいたとされる。カリフォルニア州魚類野生生物局は、ニシンの漁獲枠を毎年設定している。2014年のニシンと卵の漁獲枠は3737トンだったが、2015年は2302トンだ。漁のシーズンは3月末、あるいは漁獲枠の限度に達するまでとされている。

サンフランシスコ湾のニシン漁は、日本向けの卵を取るためのものがおもだ。日本では、そのほとんどが伝統食品である「数の子」に加工される。正月のおせち料理のひとつである数の子は、だし昆布とカツオブシで取ったうまみのあるだしにしょうゆやみりんをくわえ、それにニシンの卵巣を漬けこんで味付けしたものだ。数の子は、子孫繁栄を意味する縁起物とされる。

美しく握ったニシンの鮨。東京。

◉日本のニシン

他の国々と同様、日本とニシンとの関係も深い。日本では遅くとも15世紀からニシンを獲ってきた。その大部分は、北海道の日本海沿岸で行なうニシン漁によるものだ。日本の北端に位置する北海道の沿岸部では、1月下旬から5月初旬にかけてと、8月から12月にかけての2度の産卵期がある。

17世紀末には北海道でニシン漁が確立しており、北海道産の乾燥ニシンとニシンの卵が全国に出荷され、各地でさまざまなニシン料理が生まれた。そばにニシンの甘露煮をのせた「ニシンそば」、ニシンを米麹《こめこうじ》で漬け込んだ「ニシン漬け」、塩をふって焼いた「ニシンの塩焼き」、干しニシンの焼き魚。このほか、鮨やてんぷら

小樽市にあった旧青山家漁家住宅［現在は札幌市「北海道開拓の村」に移築されている］

にもニシンを使い、ニシンと冬野菜を煮た三《さん》平汁《ぺいじる》といった料理もある。

日本人はニシンを、食べる以上に肥料に利用することが多かった。実際、1940年代には、日本で獲れたニシンのうち食用とされるのは3割程度でしかなかった。それ以外の7割は、タバコや綿花のほか、本州で育つさまざまな作物の肥料とされた。北海道の港湾都市小樽は、ニシンから作る魚粉の一大供給地として19世紀に成長した町だ。現在、小樽ではその繁栄の名残である「ニシン御殿」が公開されている。ニシンで財をなした網元たちが建てたもので、廊下は漆《うるし》塗りにするなど、豪奢な建築で知られている。これらの建物はニシン長者の邸宅だが、ニシン加工場や、加工場の労働者の住まいもこの建物内に置かれている場合もあった。

北海道では、1897年に最大のニシン水揚げ量を記録し、沿岸部全域で獲れたニシンは97万5000トンにのぼった。1930年代後半には、アメリカ、カナダ、日本の3か国で、世界のニシンとその仲間（イワシ、ヨーロッパマイワシ、カタクチイワシ、シャッドなど）の全漁獲量の5割を占めるまでになっていた。こうした厖大な量のニシンを獲り、加工していれば、その先に待つのはたったひとつの結末だ。ニシン供給量の急減である。1958年には日本のニシン漁は崩壊しており、北海道産ニシンは絶滅したとも言われた。

沿岸のニシン資源がなくなると、日本の漁船団は北アメリカ太平洋岸北西部に目を向けた。1960年代にはカナダのブリティッシュコロンビア州と協定を取りまとめ、この州管轄の海域で漁をはじめる。だが、カナダ人を雇わずに本国から労働者を連れてきたことから問題が生じた。1969年には――失敗はしたものの――カナダの「漁業者および関連労働者の連合組合」（UFAWU）が日本人労働者の流入を阻止しようとする騒動にまで発展する。しかしカナダ政府は日本人に労働許可を出し続けた。そして1970年、カナダは日本漁船による抱卵ニシン漁を初めて解禁したのである。

コスト削減のため、ニシンの卵の加工場では女性が雇われた。一般に女性は男性よりも手先が器用であるとされ、卵巣を手早く容易に取り出せると考えられたからである。また、女性労働者の賃金は男性よりも安かった。多くの場合、同じ作業を行なう男性の77パーセント程度の報酬しか支払われなかった。UFAWUはこの点を日本企業に関するさらなる問題として取り上げたものの、その後もカナダ沿岸部の加工場ではこうした雇用形態が主流だった。

1970年代後半には、日本で食べるニシンの卵の8割はブリティッシュコロンビア産のものになっていた。ニシンの卵の価格は急上昇していた。1978年には7万トンの卵が獲れ、5300万ドルという驚愕するような水揚げ金額となった。翌年には卵の漁獲量が4万1000トンに減少したが、水揚げ金額は1億5000万ドルと、前年に獲れた卵のおよそ3倍に跳ね上がった。そしてこの大きな利益を目当てに、さらにニシン漁が行なわれることになったのだ。

ブリティッシュコロンビア州漁業協会は、同州にあるニシンの卵の加工場の9割が日本の運営であることを危惧しはじめた。ところが1980年、ニシンの卵市場が崩壊する。1ポンド（約450グラム）16ドルで売られていた卵が、この年には6ドルにまで下落した。結局、1980年に獲れた卵の水揚げ金額は1000万ドルにしかならなかった。

この価格下落によって、日本がブリティッシュコロンビア州のニシンを見境なく捕獲・加工する状況は終わった。日本は同州から自国の沿岸部に目を戻し、国産ニシンの供給量を増やそうとした。1980年代には北海道にニシンの種苗生産場［種苗生産とは、死亡率の高い段階を十分な管理のもと効率よく飼育し、大量の稚魚（種苗）を生産すること」を導入した。現在も操業しているこの施設では、個体数増加のために、天然のニシンから精子と卵を採集する策も行なっている。天然のニシンからは、遺伝的に多様で、より強い個体が生まれると考えられているのである。

種苗生産場では、ニシンから取り出した卵を受精させ、卵管理水槽に入れる。この水槽では、卵が14～20日で孵化するよう水温を3℃程度から徐々に上げて10℃以下に保つ。そして孵化がはじまるタイミングで卵を生産水槽に移し、孵化した仔魚は育成水槽に入れる。育成水槽の水温は徐々に14℃まで上げられ、仔魚には配合飼料が与えられる。これは仔魚用に作った特別のエサであり、仔魚には動物プランクトンや配合飼料を成長段階に合わせて与える。孵化後2か月の仔魚を育成水槽から屋外の水槽に移して5～10日後に放流地に配布し、各地の施設で放流まで約3週間育成する。放流前には仔魚に蛍光標識［ニシンの頭部にある耳石《じせき》を蛍光物質で染色するもの］をつけ、研究者が海での仔魚の移動を追跡する。

水産研究・教育機構などが研究・運営を行なうニシンの種苗生産場では、年間数百万匹の仔魚が孵化している。だが、海に放流する前に死亡してしまう仔稚魚は少なくない。卵自体に問題がある場合があるほか、新しいエサへの不適応や栄養不足、放流するまでの搬送方法などが仔稚魚の死因として考えられると研究者は話す。とはいえ、種苗生産場で育った稚魚が日本のニシンの個体数を増加させているのは事実だ。2002年には1366トンだった漁獲量が2013年にはおよそ4500トンと、徐々に上昇しているのだ。この計画は、健康なニシンを生み、個体数を維持するために少しずつ前進しているようだ。

◉北アメリカ大西洋岸のニシン

一方、地球の反対側の北大西洋では、ニシンの歴史にまつわる逸話がいろいろあっておもしろい。1622年、ヴァージニア植民地の役人でジョン・ポリーという人物が、マサチューセッツのプリマスを訪ねたときのことをこう記録している。

プリマスでニシン、または「エールワイフ」と呼ぶ魚は町を流れる小さな川をとてつもない大群でのぼってきて、直径1マイル（約1・6キロ）はあろうかという大きな池や湖で産卵する。川は、深さが15センチもないようなところもたくさんある。水面より30センチほど高い石の堰を作っておけばニシンが堰の向こう側に自分から飛びこんでいくので、ニシンの「背をこん棒で叩いて」(be beaten back with cudgels) 獲るまでもない。

ポリーはこの最後の部分の表現を、産卵のため大量に遡上するニシンについて書くたびに何度も繰り返し使ったため、これが当時、大量のニシンを意味する比喩表現となった。そして何百年ものちの現代でも使われている、「たくさんの人（もの）が寄ってきて追い払わなければならないほどだ」という意味の「beating them back with a stick」という表現は、ポリーの文が由来とも言われている。のちにポリーは回想して、毎年春になるとタウン・ブルック川を遡上してくるニシンをプリマスの住民がどのように利用していたかについて述べている。

住民は2か月間毎日ニシンを獲り、たくさんの大樽に詰める。食べるほかにも、トウモロコシの根元に2、3匹ずつ埋めて肥料にする。ニシンが大量に獲れて余裕があれば、船に乗り込むときにもニシンを持っていくことがある。遡上してくるニシンはたいそう脂がのっておいしいが、産卵を終えて海に戻るときのニシンは疲れ果て、脂は落ちている。食べると体にもよくない。

すべてのアメリカ人が——とまでは言わないが、プリマスの住民なら誰もが、アメリカ大陸先住民のスクアントという人物が17世紀にプリマスに定住した人々に教えたというトウモロコシの栽培方法について一度は聞いたことがある。パテュケット族のスクアントが、ニシンをトウモロコシの種のそばに埋めて「スポット施肥」を行なえば豊かに実ることを入植者たちに教えた、という話だ。ニシンが土のなかで分解されて植物の栄養となり、またカルシウムや炭酸カルシウムが豊富なニシンの骨が砂の多い酸性の土壌を中和するのである。

ピルグリム［1620年に信仰の自由を求め、イギリスからメイフラワー号で北アメリカに移住した清教徒の一団］たちはよく効く肥料としてニシンを使い続け、インディアン・コーン（トウモロコシ）の畑を豊かに実らせた。そしてニシンが手に入らないか量が十分でなかった場合は、それを不作の理由とするようになった。

トウモロコシが豊作になるようにニシンを大量に確保しなければと、人々は地元の河川に簗《やな》を仕掛けた。だが残念なことに、公共の魚と目されるものを個人の罠で獲ることは違法とみなされた。1632年にマサチューセッツ州ウォータータウンの入植者たちがチャールズ川に簗を仕掛けた件も、これに当てはまる例だ。とがめられた入植者たちは、「ニシン不足」のせいで前年は不作となった、だからニシンを獲ろうとしたのだと弁明し、自分たちの行為を正当化しようとした。

だが住民たちが違法な罠でニシンを獲ったところで、この地域のニシンの数は減りはしなかった。ピルグリムたちがニシンのあまりの多さに驚いたのも無理はない。1634年にウィリアム・ウッドは、ニシンについて『ニューイングランドの展望 *New England's Prospect*』にこう書いている。「ものすごい大群が到来した。信じがたいほどの数のニシンが浅い川におしあいへしあいしていて、泳げないほどだった」。漁師がたった数個の石で川をせき止めると数千匹のニシンが獲れた、罠なんか必要なかった、と書き記した入植者もいる。また、大人も子供も素手でニシンを捕まえている、と書いたものもある。

この地域にとってニシンは非常に重要な魚だったため、プリマスで初めて漁業法を起草するさいには、「神の御心により、プリマスの町にエールワイフあるいはニシンと呼ばれる魚を得た」という文言が入れられた。このほかにも、ニシンが豊富に得られ、日々の糧を必要とする定住者がこれをさまざまに利用できるのは神の摂理による、などと書いている文書はいくつも残っている。

ニシンの恩恵を受けた入植地はプリマスだけではなかった。ニューイングランド地方全域の人々が、ニシンを肥料にトウモロコシを栽培したり、また保存加工して蓄えたニシンを食べて厳しい冬を切り抜けた。ニシンは、その利用法も供給量にもかぎりがないように思われた。だが、同じことが繰り返されるのが世の習いである。有効に利用できる資源がありあまるほどあれば、人はなくなるまでそれを利用しようとしてしまうものだ。それはヨーロッパでもアジアでも太平洋岸北西部でも起きたことであり、植民地時代のアメリカでも同じだった。入植者たちはアメリカ先住民と交わした合意を破り、先住民が昔から漁場としてきた川をせき止め、簗を仕掛け、トウモロコシを製粉する水車小屋を建てた。商業漁業の仕組みを作り、ニシンの売買をはじめた。ニシンが農業の必需品だとみなされるようになるとニシンの価格は上昇し、それにともない、密漁する人々も増加した。

獲れたニシンを住民全員で分け合っていた地域では、ニシンの仲介を仕事とする者が多く出てきた。仲介人は、ニシンの分配や代金の回収から、罠の保守や密猟者の見張りまで、ニシンにかかわるあらゆることを手がけた。1696年、マサチューセッツ州ミドルバラの役人は、ニシンの仲介人を置くことの目的を、「あらゆる合法な手段を用いてニシンを町全体の利益となるよう用いるため」だと記している。

だが、法の範囲内で仕事をし、地域社会の利益のために働く仲介人ばかりではなかった。金がどこかに消えてしまったり、ニシンの割当量を仲介人が勝手に変更したりすることもあった。受け取るはずだったニシンがまったく届かないことさえあった。あくどい仲介人が村人から肥料としてのニシンの代金を集めておきながら、一方でニシンをほかに売りさばいていたのである。この時代、ニシンは闇市で盛んに取り引きされていた。

違法な行為に走った者が捕まると、それが町の住民であれ仲介人であれ、24時間足かせをはめられた。あるいは、ムチで5回打たれるか、丸1日牢に入れられる。罰金も支払わなければならない。大人、子供にかかわらず罰は与えられた。だがこうした罰があってもなお、違法行為はなくならなかった。18世紀初めになると、マサチューセッツ北東部でニシン不足が報告された。ニシンが少なくなったのは、堰を作ったり簗を仕掛けたり、水車小屋を建てたのが原因だとされた。この地域では、以前は罠で一気に獲るのではなく、釣るか、棲みかから追い出してニシンを捕まえていたのである。

ニューイングランド地方のなかでニシンの増減が地域の変遷に大きく影響したのはマサチューセッツ州だけではなかった。19世紀のアメリカでは東端に位置し、大規模な港湾都市のさきがけでもあるメイン州リューベックは、ニシンの燻製作業の一大拠点となった。1831年にはリューベックには20軒もの燻製所が存在し、年間2000から3000樽もの燻製ニシンを生産していた。同じくメイン州の小さな漁村だったスチューベンとミルブリッジも、リューベックを追いかけるようにニシンの燻製を手がけるようになる。10年もたたないうちに、メイン州は年におよそ50万箱もの燻製ニシンをボストンやニューヨーク、フィラデルフィアといったアメリカ東岸の都市に出荷するまでになっていた。

●缶詰産業

ニシンの燻製のほか、メイン州ではニシンの缶詰も製造した。リューベックとイーストポートの缶詰工場では、まだ成魚になっていない小型のニシンを切り身にせずに缶に詰め、イワシの缶詰として売った。ヨーロッパ産のイワシの缶詰に太刀打ちできるか、試しにやってみ

サケの缶詰工場とニシンの加工場。アメリカ。

たのだが、偽装缶詰は非常にうまくいき、21世紀に入るまで続けられた。

偽装缶詰の造り方は以下のとおり。まずニシンの頭を落として内臓を取り、洗って塩漬けか酢漬けにする。その後ニシンをフレークと呼ばれる網棚にのせる。ニシンをのせたフレークは、まわりながら熱したオーブンのなかを通る。15分から30分間加熱し、ニシンをフレークから降ろして棚でさます。この冷却棚が何十個も缶詰作業場に運ばれ、そこでニシンを植物油の入った缶に詰める。植物油はニシンの湿度を保ち、ある程度保存できるようにするためのものだ。ニシンを缶に詰めたら密閉し、漏れがないか検査する。

缶詰工場では家族総出で作業をする。父

親や息子はニシンの頭や内臓を取って洗い、母親や娘たちはそれを缶に詰めた。そしてこの缶詰を男性が密封して作業を終える。

アメリカ北東岸の多数の町が、ニシン漁と缶詰工場のおかげで大きく発展した。メイン州イーストポートもそうした町のひとつだ。1840年のイーストポートの人口はおよそ2800人だったが、1890年にはおよそ2倍になっている。

それ以上に驚かされるのが、イーストポートの小さな町にあった缶詰工場の数だろう。最初に工場ができたのは1875年。10年後、工場は13軒に増えていた。20世紀になる頃にはメイン州は75もの缶詰工場を抱え、そのうち20軒がイーストポートにあった。

19世紀後半から20世紀初めにかけて、メイン州は住民にとって魅力的な土地だった。ニシンとニシン関連の仕事がたくさんあったからだ。二度の大戦では、持ち運びが容易で長期保存が可能な食品が必要となった。缶詰工場は次々と仕事を受注し、収益があがり、住民も潤った。だが、状況がしだいに変わりはじめた。20世紀半ばをすぎると外国のニシン漁船団が大西洋岸北東部に進出し、かつてないほど大量のニシンを水揚げしはじめたのだ。1950年代まで、この地方の年間のニシン漁獲量は6万6000トン程度だった。しかし1968年には47万トンと急増し、このとても持続可能とはいえない漁を続けた結果、ニューイングランド地方のニシン漁は崩壊した。以降、状況は厳しくなっていくばかりだった。

ニシン漁が崩壊し、またアメリカ人がマグロの缶詰を好んで食べるようになったことで、ニューイングランド地方の缶詰工場は閉鎖するか、ニシン以外のものを缶詰加工するようになった。2001年には、リューベックに残っていた最後の缶詰工場が閉鎖した（商業用燻製場はその11年前にすでになくなっていた）。そして2010年4月、メイン州最後のイワシ缶詰工場が操業を停止した。だが、北大西洋のニシン漁が完全に消滅したわけではない。1976年にアメリカ議会は、アメリカの漁業を管理するマグナソン・スティーヴンズ法を制定した。1976年漁業保全管理法とも言われるこの法規は、魚の生息環境を守り、混獲を減少させ、資源を保護するためのものだった。外国漁船の締め出しとアメリカ漁船による漁の規制が実施されると、徐々にニシンの数が回復に向かったのである。

タイセイヨウニシンは現在は乱獲されてはおらず、危機的状態は脱したと考えられている。とはいえ、年間漁獲量の制限や禁漁期が設けられるといった規制は続いている。2015年には、アメリカ海洋漁業局はメイン湾のニシン漁を半年間禁じた。そしてこの期間に捕獲したタイセイヨウニシンを取り引きしないよう、魚介類を扱う事業者には通達が出された。資源を安定させ、制限枠を超えた漁が行なわれないための措置である。

漁獲割当を無視する漁船がいることは、現在も懸念されている問題だ。2014年、サッカー場ほどもある巨大な網を引くトロール漁船がケープコッド沿岸に出現し、この海域の割

タイセイヨウニシン

当を60パーセントも超過するニシンを獲った。この事件はニシン漁のシーズンがはじまったばかりの頃に起きたため、漁業界にはさらなる危機感が生じた。こうしたトロール漁によってニシンが激減し、ひいてはニシンを食べて成長するシマスズキやクロマグロといった大形の魚が減ってしまう可能性があるのだ。そのほかにも、ロブスター漁のエサとするニシンや食用のニシンも減少した。大西洋と太平洋のニシンに対する今以上の違反行為を食い止めるために、なんらかの手立てを取る必要がある。そうしなければ、ニシンは絶滅の危険にさらされるだろう。

第6章 ◉ 魚粉と肥料

◉魚粉と魚油

栄養満点でおいしい魚を獲ったのに、それを植物の肥料や他の魚に与えるエサに加工するという行ないは、すばらしい海の恵みの無駄遣いではないかと思われるかもしれない。だがそれは何世紀ものあいだ続けられてきたことであり、人はニシンから、魚粉や魚油、飼料、エサ、肥料などを大量に生産してきたのだ。

「魚粉」とは、魚や魚の廃棄部分を乾燥させ、挽いて粉末状にしたものだ。この魚の粉末は、家禽《かきん》［食用あるいは愛玩用に家で飼う鳥類］やブタ、養殖魚やペットのエサになる。魚粉は、必須アミノ酸、ミネラル、リン脂質、脂肪酸をバランスよく含むとして高く評価されている。

こうした成分は、動植物の成長を促進して生産量を増すのに役立つ。魚粉を推進する人々は、養殖魚は魚粉のエサのほうが栄養分を効率よく吸収すると言う。これは残餌《ざんじ》［食べ残したエサ］や排泄物による海水の汚染が減ることにもつながる。養殖業界では海水の汚染が一番の問題であり、現在もこれは解消されていないのである。

魚粉は遅くとも13世紀には存在した。マルコ・ポーロの旅を記した『東方見聞録』には、イエメンを旅しているときに、農夫が家畜に乾燥魚を食べさせているのを目撃する場面がある。

この地の人々は腕のよい漁師だ……ここは非常に暑いので、彼らは魚を日干しにする。大地は燃えるように熱く、野菜は見当たらず、畜牛や乳牛、ヒツジ、ラクダや馬に日干し魚のエサをやる。毎日これを与えるのだが、嫌がるそぶりも見せずに動物たちはこのエサを食べる。エサにする魚は小型のもので、これを3月、4月、5月のあいだに大量に獲り、干して、動物たちのエサにするため家に蓄えておく。

マルコ・ポーロはこの魚を「マグロ」と呼んでいるが、ポーロが家畜用の飼料だと説明していることや、アデン湾とアラビア海に生息している魚であることを考えると、この小型の魚はおそらくはニシンの仲間だったのだろう。ポーロが触れているのはイワシかウルメイワシのことかもしれない。とはいえ、外見も名［ニシンは英語でherring、ウルメイワシはround herring］もニシンに似ているが、小型のウルメイワシはウルメイワシ亜科に属し、ニシン科の魚ではない［ニシン科とする説もある］。

焼けるような太陽が照りつける熱い国々では魚を戸外に干すが、日が照らず寒い土地では魚を圧搾《あっさく》して乾燥させる。9世紀のノルウェーでは、岩と木材を使ってニシンをおしつぶし、油脂を絞り出して魚肉を乾燥させた。千年以上ものちの今日でも、この製法は商業用魚粉の生産に用いられている。

現代では、魚の圧搾から乾燥までは機械で一気に行なう。魚粉生産工場では、生のニシンにくわえ、カタクチイワシ、メンハーデン、イワシなど他の飼料用の魚も原料とする（切り身や開きにしたときに出る骨や皮、内臓などの残滓《ざんし》も含まれる）。まずベルトコンベヤーにのった魚と残滓をスチームクッカーで加熱する。その後、濾過圧搾機にかけて圧搾し、油を含む水分を取り出す。取り出したこの液体（プレスウォーター）は分離加工して、水分と油分に分ける。ニシンを濾過圧搾機にかけてできたプレスケーキ（しぼり粕）は、油分を4パーセント、水分を50パーセント含んだものであり、まだ水分が含まれるため、腐敗しないように乾燥させる必要がある。

戸外で自然乾燥させているニシン科の魚。ポルトガルのナザレ。

北アメリカ産魚粉の山（1979年頃）

乾燥はむずかしい工程だ。プレスケーキが乾燥しすぎると栄養分が失われ、水分が余分に残るとかびが生えたり細菌が繁殖したりして、食品には適さないものとなる。こうした問題が生じないように、プレスケーキには間接乾燥あるいは直接乾燥の処理を施す。直接乾燥は、乾燥機のドラムを通るプレスケーキに周囲から５００℃の熱風を吹きつけるもので、焼けるような熱風で水分を蒸発させる。間接乾燥では、外周のジャケット部に蒸気を通して内部に熱を伝える乾燥機や、蒸気で加熱したディスク（円盤）を利用する乾燥機が使われ、蒸気で間接加熱した乾燥機のなかでプレスケーキを攪拌し、乾燥させる。直接乾燥も間接乾燥も、熱でプレスケーキを乾燥させる点はほぼ同じだ。

最終段階はプレスケーキの粉砕だ。プレスケーキに残った骨やその他大きな塊部分を粉砕する必要がある。完成した魚粉はサイロに保管するか、出荷のために袋詰めする。魚粉には水分がわずかしか含まれていないので、冷蔵保存する必要はない。

2010年には全世界で、3300万トンのニシンと骨や皮、内臓などから、およそ630万トンもの魚粉と110万トンの魚油が生産された。現在、ペルーは魚粉と魚油の最大の産出国だ。チリ、中国、デンマーク、ノルウェー、アイスランドの5か国がそれに次ぐ。

国際連合食糧農業機関の報告によると、2014年にはドイツ、イギリス、アメリカの3か国の魚粉市場が最大の成長を見せたという。この伸びは、水産養殖や農畜産業において魚粉に対する需要が増したことを意味する。最大の魚粉消費国は中国だ。中国だけで、年間200万トンの魚粉を消費する。日本、タイ、ノルウェーがそれに続くが、この3か国をたしても年間輸入量は70万トン程度でしかない。

魚粉の生産工程でニシンを圧搾して出たプレスウォーターには油分と水分が含まれ、さらにタンパク質、ミネラル、ビタミン類も溶け込んでいる。このプレスウォーターを遠心分離機にかけて油分と水分とに分離させると、油分がプレスウォーターの上部に浮くので、これを取り出す。油分を取り出したあとに残る、溶けだした栄養分を含む水分は「スティックウォーター」と呼ばれ、このスティックウォーターは、水分が蒸発して栄養分が40パーセントから50パーセント程度になるまで加熱し、ソリュブル（高濃度タンパク液）にする。適度な濃度になったソリュブルは乾燥前のプレスケーキにくわえる。栄養分をくわえたプレスケーキを乾燥させ、粉砕すると魚粉の完成だ。

プレスウォーターから栄養分を含むスティックウォーターを取り出す一方で、分離した油分はさらに遠心分離機にかけられる。そして余分な水分と不純物を取り除いた精油は貯蔵タンクに送られる。こうしてできた魚油は魚粉と同様、マスやサケなど、さまざまな雑食性養殖魚のエサに利用されている。

魚油を取るのはニシンだけではない。薬局やスーパーマーケットや健康食品の店で、オメガ3脂肪酸を豊富に含むとアピールする、琥珀色のカプセルが入ったボトルを見たことがあるだろう。そのカプセルに入っているのは、ニシンだけでなくさまざまな回遊性の魚から生成された魚油である。栄養補助食品に分類される魚油のサプリメントには、劣化防止用の微量のビタミンEがたいてい添加されている。また、カルシウムや鉄分、ビタミンA、B、C、Dが添加されているものもある。

消費者はこうした魚油のカプセルをせっせと飲んでいる。2015年7月のインディペ

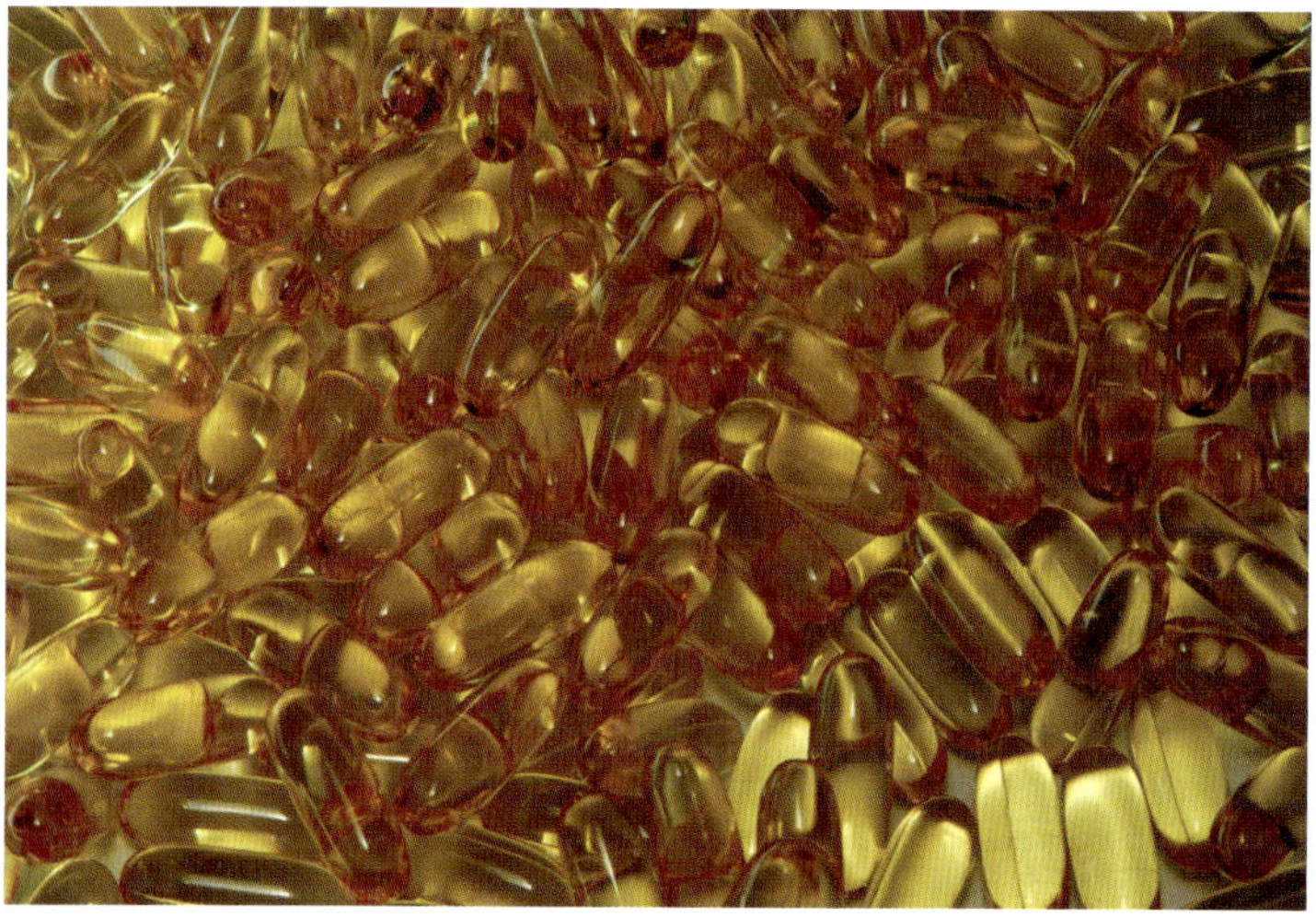

大量の魚油カプセル

ンデント紙の記事によれば、１９９０年代の魚油の販売額は数千万ドルだった。ところが21世紀に入ってからは、アメリカ人は毎年およそ12億ドルを魚油の錠剤や似たようなサプリメントに注ぎ込んでいるのである。

魚油は、高血圧や高コレステロール、心臓病や心臓発作など、心臓血管に問題のあるものをはじめ、さまざまな病気に効くと思われている。人は、喘息や骨粗しょう症、乾癬《かんせん》［皮膚病］、緑内障、肥満、炎症、各種の痛み、うつ病、失読症、多動性障害など、症状も原因も異なるさまざまな問題を解消しようと、魚油のカプセルを飲む。ひっぱりだこの魚油ではあるが、魚油サプリメントの効果はまだ明確になっているわけではない。

魚油の成分のなかでも、とくに重要視され

ているのがオメガ3脂肪酸だ。人体内ではオメガ3脂肪酸を作り出すことができないし、体内でオメガ6脂肪酸［人体内で作ることのできない必須脂肪酸のひとつ。コーン油、大豆油などの主成分］がオメガ3脂肪酸に変わるわけでもない。だがオメガ3脂肪酸は健康全般にわたって重要であり、脳の機能や先ほど述べた心血管の健康にも大きな役割を果たす。また痛みや炎症を低減させ、血栓をできにくくする。魚が脂肪やオメガ3脂肪酸を豊富に含んでいることはわかっている——魚は食べたくないが健康には気を付けたい。こういう理由で魚油のカプセルや錠剤を飲む人も大勢いるのだ。

捕食性の大型魚はニシンが大好物なので、漁師たちがわざわざ買ってまでニシンを漁のエサにするのも不思議ではない。ニシンのエサに引きつけられてくるのは、サケ、タラ、シマスズキ、フエダイ、コダラ、オヒョウ［カレイに似た大型魚］など、漁師が獲りたがる魚ばかりだ。ニシンの銀色の皮と脂のにおいは、エビやロブスターやカニなどの甲殻類もおびき寄せる。

エサにするため生きたニシンを調達したければ、アメリカ先住民のトーチングという漁法を試してみるとよい。トーチという小さな金属製のカゴに樺の木の樹皮をいっぱいに入れ、小さな釣り船の船首に置く。樹皮に火をつけると明かりにニシンが寄ってくるので、柄のついた大型の網で船のまわりのニシンをすくいあげればよい。条件のよい夜ならば、数時間で

水面に浮かべたランタンの灯りでニシンをおびき寄せる。1877年頃。

数千匹のニシンが獲れることもある。

ニシン漁の方法はほかにもある。サビキ針という特殊な仕掛けは一度に数匹のニシンをひっかけることが可能だ。中心の釣り糸に何本か釣り糸がつけられ、それぞれに小さな釣り針がついたものだ。何本もの釣り糸と針がからみ合うことが多いのでサビキ釣り専用のサビキ竿をニシン漁師は好むが、普通の竿でもこの漁は可能だ。

生きたニシンを捕まえるのが面倒ならば、釣り具店やインターネット通販で冷凍のエサを購入することもできる。真空パックに入ったものや、何匹ものニシンを四角い塊にかためた商品がある。ニシンを冷凍エサにする場合、まず漁師は獲ったニシンを囲いに入れて泳がせておく。エサを与えないので、ニシンの脂肪が減少してくる。脂肪が減ってくると身がひきしまり、銀色のうろこがはがれ落ちにくくなる。ニシンをエサにする魚は銀色のうろこに引きつけられるので、この点は重要だ。ニシンの身が十分にひきしまったら、冷凍してエサとして販売する。

小型魚を獲りたいときにはエサ用のニシンを小さく切り、ある程度大型の魚を獲るときには大きな切り身にするか、丸ごと1匹を釣り針につける。丸ごと1匹を釣り針につけるときには、切れ味のよいナイフでニシンの横腹に切れ目を入れる。ニシンのにおいが広がり、より多くの魚がエサに寄ってくる。

◉肥料としてのニシン

エサとなるほか、ニシンにはあまり目立たない用途もある。肥料だ。前出のアメリカ先住民スクアントが、イギリスから来た入植者にニシンをトウモロコシの肥料とする方法を教えていた頃、日本の農民もニシンで田畑を肥沃にしていた。江戸時代の日本では、ニシンを材料とした肥料の需要が増加した。農民たちが米や綿花の栽培にニシンの肥料を盛んに使うようになったからだ。「ニシン粕《かす》（しめ粕）」と呼ばれるこの肥料は、北海道で獲れたニシンを煮て圧搾して作ったものだ。身欠きニシンなどに保存加工したニシンにくわえ、大量のニシン粕が北前船《きたまえぶね》で北海道から本州へと運ばれ、そのニシン粕を肥料にして栽培した米や木綿がふたたび北前船で本州から北海道へ持ち込まれた。ニシンはさまざまな形で、何百年にもわたり北海道と本州を行き来してきたのである。

ニシン粕を利用する以前の日本の農民は、量が少ないうえに高価な乾燥イワシを作物の肥料としていた。だがニシンは豊富かつ安価だったため農民はみなこちらを使うようになり、ニシンはすぐにイワシにとって代わった。デビッド・ルーク・ハウエルの『ニシンの近代史——北海道漁業と日本資本主義』［河西英通・河西富美子訳／岩田書院／2007年］によると、20世紀には乾燥イワシの肥料の14倍ものニシン肥料が売られていたという。

ニシンが大量に獲れるところには必ずニシンが原料の肥料があった。18世紀と19世紀のニューイングランドの農民は、畑にニシンの肥料を使うことを奨励された。アメリカ東海岸の漁師が大量のニシンを獲っていたことがその理由のひとつだった。需要を供給が上まわり、あまったニシンは牧草地に広げてすき込む以外に用途がなかったのだ。

ニシンを肥料として使わせるため、ニシンは土壌を肥沃にするのに非常に効果があると農業雑誌は書きたてはじめた。19世紀に刊行されたデボウズ・レビュー誌には、普通の大きさのニシン1匹には大きなシャベル1杯分の肥やしに匹敵する養分があると書かれている。また、あるイギリス人が自分の土地に3万2000匹ものニシンをすき込んだら驚くべき効果があったという話も掲載された。

　分解中のニシン数千匹のそばに住むとなると、すごいにおいが漂ってきそうだ。これはニシンを使った肥料のマイナス面のひとつでもある。悪臭が出るのは避けられないし、においに寄ってくる生き物も問題だ。昔の農業新聞には、ニシンを埋めたとたんにカラスが飛んできて土中のニシンを食べたという農家の苦情があふれている。カラスだけでなく、犬やブタなどの動物たちも同じようにニシンのにおいに寄ってきた。駆り出された農家の子供たちはニシン目当てに畑を荒らす鳥や動物を追い払う役目を負った。子供たちはあちらこちらに見張りに立って畑を守ろうとしたものの、その目をかいくぐり、鳥や動物はニシンをくわえて逃げたのだった。

　死んだニシンが丸ごと肥料に使われていることは今ではめったにないが、庭師は今も、ニシンやニシンのタンパク加水分解物［動植物のタンパクを酸や酵素などの作用で分解させたもの。うまみとコクを与える調味料として使われることが多い］を肥料として使っている。この分解物を作るためには、丸ごとのニシンや、ニシンの皮や内臓などを酵素で自然に分解させ、その後、リン酸を少量混ぜてpH値を調整する。ニシンのタンパク加水分解物は、魚粉やニシンを丸ごと肥料にする場合や、ニシンを原料とするその他の肥料ほどにおいは強くない。

第7章◉ニシンを食べる　ニシンを保護する

◉北欧のニシン料理

デンマークの人々はニシンのなかでもとくに酢漬けニシンが大好物だとは、よく聞く話だ。だが、ニシンが大好きで、さまざまなニシン料理を作っているのはデンマーク人だけではない。ボクリング（燻製ニシン）のプディングやとてつもない悪臭を放つシュールストレミングのほかにも、スウェーデンにはあぶったバルトニシン（ソタレ sotare）や焼いた酢漬けニシン（ステークト・インラグド・ストレミング）がある。スウェーデン伝統の、クリスマスのスモーガスボードに入っている酢漬けニシンのソテーは、ライ麦粉とパン粉を軽くはたき、有塩バターを熱したフライパンで焼いてビネガーを軽くふり、粗みじん切りしたタマネギをのせたもの。

ニシンのクレイポット［土鍋で焼いた料理］は、スウェーデンのニシン料理の逸品だ。これは、ジャガイモ、タマネギ、アンチョビ缶を使った昔ながらのキャセロール料理「ヤンソンの誘惑」［スウェーデンの伝統的家庭料理で、グラタンの一種］をアレンジしたもので、従来のアンチョビをニシンに置き換えている。ニシンにタマネギを合わせたスウェーデン料理には、シロダ（sillåda）がある。これはニシンとタマネギを交互に敷いて、オールスパイス［フトモモ科の植物で、実や葉を香辛料として使う］、粉ショウガ、きざみパセリで香味付けした料理だ。最後にバターをまぶしたパン粉をふりかけ、ふつふつと泡立つまで焼く。これもおいしいクレイポット料理だ。

フィンランドでは、ニシンは休日の正餐では重要な役割がある。デンマークと同じく、フィンランドではニシンを酢漬けにし、ニンジンやトマト、ジュニパーベリー［ヒノキ科の針葉樹（セイヨウネズ）の果実。料理のスパイスや香りづけなどに使われる］や八角など彩り豊かで香りのよい材料と合わせる。このまま食べてもよいし、ニシンのルラード［詰め物を薄切りの肉などで巻いたもの］（フィンランドではシラッカルッラ）にしてもおいしい。シラッカルッラは、パン粉、ハーブ、チーズやハムをニシンの薄切りで巻いて串でとめ、ビネガーとトマトや、調味したクリームのソースで焼くものだ。またフィンランドのクリスマスのディナーには必ず酢漬けニシン（シッリ）を使った料理が登場する。

●ドイツとロシアのニシン料理

同じ料理を何度も食べたら、ひと工夫して、その料理をアレンジしてみようとするだろう。そうしてできたのが、ドイツのニシン料理だ。ロールモップやビスマルクヘリングについてはすでに紹介したが、このほか、ドイツにはブラートヘリングというニシン料理がある。おろしたニシンに小麦粉をはたいてバターで焼き、ビネガー、砂糖、水、マスタードシード、ベイリーフ［月桂樹の葉を乾燥させた香味料］で作ったマリネ液に漬け込んだものだ。ブラートヘリングは冷たいものをパンにはさんだり、ゆでるか、ゆでてつぶしたジャガイモと一緒に食べる。

ニシンのサワークリーム・サラダ（ヘリングストプフ・ミット・ザウアー・ザーネ）は、タマネギとリンゴのスライスとニシンをサワークリームやヨーグルト、マヨネーズであえたものだ。サラダにはほかにも、酢漬けニシンとビーツ、酢漬けのガーキン、リンゴ、ローストビーフ、ケイパー、ビネガー、固ゆで卵を合わせたヘリングザラートもある。材料を軽く混ぜて作るこのサラダは、ドイツのパーティーにはよく登場する。

サラダのほかにも、ドイツにはシンプルだがとてもおいしいニシンのサンドイッチがいく

酢漬けニシンのサンドイッチ。ベルリン。

つもある。長いロールパンにレタス、タマネギのスライスやガーキン、トマトとニシンをはさんでコショウをふり、キャビアやディルを散らしたものは、市場や祭り、それにオクトーバーフェスト［ドイツのミュンヘンで9月半ばから10月上旬に開催される世界最大規模の祭り］には必ず出てくる。ピルスナービールやメルツェンビール［どちらもビールのスタイルのひとつで、ピルスナーはチェコ発祥、メルツェンはドイツのバイエルン州が本場のビール］でこのサンドイッチを流し込むのも楽しみのひとつだ。カーニバルの定番である揚げ物料理にうんざりしたときに、もってこいの一品だ。

ロシアには、ニシンのフリッターやビール入りの衣をつけてサクサクに揚げたニシン、それに牛ひき肉やジャガイモと焼いたニシンやロールモップなど、ニシンを使った前菜がいくつもある。一般に、酢漬けニシンにはサワークリームやホースラディッシュ、キャベツ、ビーツ、タマネギ、ガーキンやラディッシュを合わせる。ロシアの冠婚葬祭や身内のパーティーには、必ずなんらかのニシン料理がテーブルにのる。

◉北アメリカのニシン料理

ニシンはヨーロッパの沿岸部では非常に重要な食材だが、北アメリカにもニシンが大好きな人たちはいる。アメリカの東海岸でニシンの話題が出れば、ニューヨーク・シティの店、

ニューヨークにある店、ラス＆ドーターズの酢漬けニシンの料理。

ラス＆ドーターズを抜きにしては会話ははずまない。100年以上もローワー・イースト・サイドで営業しているこの家族経営の店は、酢漬けニシンをはじめ、ベーグルに合わせる食材を売る。
「ニシンが建てた家」と言われるラス＆ドーターズの店では、酢漬けニシンと、タマネギ、クリームとタマネギ、マスタードとディルを組み合わせたものや、カレーやマーチェ、ロールモップやシュマルツヘリングをベーグルに合わせるのが人気だ。この店が近くに出したカフェでは、酢漬けニシンのカナッペやニシンの大皿料理、それにシュマルツヘリングを味わい、ウオッカを楽しめる。

◉おいしい食べ方

多彩なニシン料理があることでわかるように、ニシンはさまざまな食材とよく合う。オールスパイス、ベイリーフ、コリアンダーシード［セリ科の一年草コリアンダー（パクチー）の種子で香辛料のひとつ］、ディル、マスタード、パセリ、タラゴン［キク科の多年草で、ハーブのひとつ］、コショウ、塩、レモン、醤油、ビネガー、それに白ワインは、脂ののったニシンのおいしさを引き立ててくれる。アンチョビ、リンゴ、ベーコン、ビーツ、パン粉、バター、クリーム、卵、ニンニク、新鮮な葉物野菜、タマネギ、ピクルスやジャガイモもニシンととてもよく合う食材だ。

万能の魚であるニシンは、イワシやスプラット［ニシン科の小魚］、サバの代用食材ともなる。新鮮なニシンは、揚げてもグリルしても、フライパンやオーブンで焼いても、あるいは温燻にしてもよい。もちろん酢漬けにも塩漬けにもぴったりだ。いったん冷凍して寄生虫を殺した新鮮な若いニシンなら、生で食べても、あるいは鮨やセビーチェ［中南米で食べる魚介類のマリネで、とくにペルーの名物料理］にしてもよい。

新鮮なニシンに、パン粉ときざみタマネギにリンゴ、またはおろしニンニクとタマネギとパセリを詰めて焼くとすばらしいおいしさだ。ベーコンで巻いてグリルしたり焼いたりしたものは絶品だ。ベーコンとはとても相性がよく、ニシンにオーツ麦を詰めてベーコンの脂で焼くとおいしさが際立つ。

釣ったばかりの、なんの処理も施していないニシンが運よく手に入ったら、おいしく食べるためのひと手間をかける必要がある。まず、うろこや内臓を取ってもらえない場合は、自分でその作業をしなければならない。幸い、これはたいしてむずかしくはない。まずはうろこを取る作業だ。ニシンに冷たい流水をかけながら指でうろこをこそげ落とす。うろこは簡単に取れるはずだ。取りづらいものがあればナイフでそぎ取ろう。

次は内臓を取る作業だ。切れ味のよいナイフかキッチンバサミで、ニシンの腹を頭の下から尾のすぐ手前まで切って開き、内臓と背骨を取り、捨てる。頭を手で折れない場合はナイフかハサミで切り落とす。ニシンを流水で洗い、うろこや内臓などが残らないようにしよう。よく洗ってきれいにしたら終わり。とても簡単だ。

ニシンの卵はもっと簡単だ。ニシンの卵を使った料理はほぼ、焼くか揚げるかのどちらかだ。スカンジナビア半島の料理では、卵を丸ごと焼いて濃厚なソースとジャガイモを添えるか、焼いて冷やしたものをオープンサンドイッチにのせて食べることが多い。イギリスでは、バターで焼いてから熱いバタートーストにのせて食べる。またカレーやスクランブルエッグなど思いがけない料理に入っていることもある。ギリシアでは魚の卵を使ったディップ、タラモサラタに使うし、日本にはキャビアのように卵そのものを食べる数の子がある。

バターのような濃厚な味がするキャビアとは違い、ニシンの卵はあっさりとした風味だ。色は薄黄色で、いくらかざらざらとした舌触りがする。それにしても、天然チョウザメの卵であるキャビアが1ポンド（約450グラム）3200ドルもするのと比べると、ニシンの卵は安すぎる。2015年の価格は1ポンドあたり7ドルから12ドル程度だった。ニシンの卵が「貧乏人のキャビア」と言われるのももっともである。

ニシンの卵とニシンはとても安いので、これを使ってもっといろいろな料理を作って欲しいものだが、安価なことが、ニシンのイメージを向上させるのではなくむしろ低下させる要因になっているのは事実のようだ。卵が貧乏人のキャビアと呼ばれるように、ニシン自体にも安い大衆魚のイメージがついてまわっている。近年ではニシンは貧乏人の食べ物と言われ、消費者に敬遠される傾向にある。

とはいえ、ニシンに含まれるオメガ3脂肪酸が注目され、水産資源の持続性に対する関心が高まっている現状では、ニシンの地位が向上する可能性もある。コペンハーゲンのノーマをはじめとする世界的に有名なレストランもニシンを食材として利用していることから、ニシンが注目を浴び、評価を上げる日が来るのは間違いないだろう。

◉ニシン祭り

それには、ニシンの栄養価や、さまざまな料理に利用できる点を理解してもらうことがカギとなる。ニシンという名の小型だがおいしい魚があることを、消費者に広く知らせる必要がある。ニシンのよさを大々的にアピールするのにもってこいの場が、ヨーロッパで広く行なわれている「ニシン祭り」だ。ヨーロッパの歴史にニシンが大きな役割を果たしたことを称え、多くの都市がニシンに捧げる何日にもおよぶ行事を催している。

オランダでは、フラフヘチェスダフ（旗の日）［ニシン漁解禁を祝い漁船が旗で飾られることに由来する名］がニシンシーズンのはじまりを告げる。5月下旬か6月初旬の「旗の日」には多くの人々がオランダのスヘフェニンゲンの港に押し寄せ、地元の漁船やニシンの加工品のサンプルを見てまわる。ニシンの競りや、ニシンの内臓取り、切り身作り、ニシン料理の実演、船の模型作りを見学し、業者が展示販売する最新の釣り具類などをのぞく。音楽の生演奏や芸術品・工芸品の展示もあり、オランダの伝統的な漁師服を着た人々が祭り気分を盛り上げる。そしてもちろん、大量のニシン！

オランダでフラフヘチェスダフが毎年開催されるようになったのは1940年代後半だが、フィンランドのヘルシンキで催されるバルティック・ヘリング・フェア（バルトニシン祭り）

酢漬けニシンの軽食

には、1743年がはじまりという古い伝統がある。10月に開催されるこの祭りの冒頭で行なわれるいくつかのイベントには実際的な目的もあり、厳しい冬に向けてニシンを蓄える機会ともなっている。1週間におよぶフェスティバルは今もヘルシンキ港を中心とした地域で行なわれ、漁師たちが獲れたばかりのニシンをシラッカマルッキナ（ニシン市）に運び込んでは、自分たちが獲ったニシンを直売する。新鮮なニシン、塩漬け、酢漬け、燻製のニシン、醗酵させたニシン、そして塩水に漬けたニシンやマリネなど、この祭りではさまざまなニシンが買える。

デンマークのビデ・サンデのニシン祭りは、ニシン漁にまつわるあらゆるものの祭りだ。毎年春、ビデ・サンデはデンマーク最大の魚釣り大会を開催する。参加者が狙うのは、産卵のためにリンケビング・フィヨルド［デンマーク中西部に位置し、釣りやウィンドサーフィンなどがよく行なわれる海岸］にやってくるニシンだ。釣り大会のほか、ニシンおろし競争やニシン料理コンテストもある。「ミスター・ニシン」コンテストでは、ウェーダー［水中に入って釣りをするときに履く、胸まである防水長靴］だけを身に着けた漁師たちがステージに上がり、審査員たちのなんでもありの要求に応えてミスター・ニシンの称号を競う。優勝したミスター・ニシンには、賞金と新しいウェーダーが贈られる。

アイスランド北部沿岸では、漁師の町シグルフィヨルズルが過去をしのび、毎年夏にニシン祭りを開催する。町にあるニシン博物館と協力し、酢漬けの実演や試食、ニシンが海の王様であり漁業が盛んだった時代についての講演などが行なわれる。シグルフィヨルズル周辺では残念ながらニシンが姿を消してしまったが、ニシンでこの地がおおいに賑わっていたことは今も語り継がれている。

ニシン祭りがあるのは北欧の国々だけではない。ドイツのグリュックシュタットでは、6月の第2木曜日にグリュックシュタット・マティエスヴォッヘン（マティエス週間）が開催される。ニシンシーズン到来を告げる4日間の祭りだ。年に1度の祭りは町の市場で行なうマティエス［産卵経験のないニシンを塩漬けにして醱酵させたもの］の試食で幕を開ける。木製の大樽から取り出したニシンを、町の人々に先立ち、まずは市長が味見する。

イギリスのアフタヌーンティーで食べる酢漬けニシンの小さなサンドイッチ

スコットランドのアイマスの町では、毎年7月に行なわれるニシン女王祭りでニシンの女王が選ばれる。女王は小船でアイマス港に到着し、小船の船長と乗組員の列を従えて祭りの開始を宣言する。冠を授かったら、ニシンの女王は花輪を町の戦没者記念碑とアイマスの漁師の記念碑に捧げる。漁師の記念碑は、1881年10月14日の突然の嵐で命を落とした189人の漁師を悼んで建立《こんりゅう》されたものだ。

イギリスのデヴォン州クロヴリーの村は、年に一度ニシン祭りを開催してニシンに感謝する。祭りでは、網作りやニシン料理の実演と試食、クロヴリーのニシン釣りの写真の展示や海に関する講演などが行なわれる。祭りのあいだ、燻製ニシンのキッパーやブローターが作られ、その場で味わえる。

近年では、アメリカもニシン好きの国のひとつに数えてもいいだろう。アラスカのシトカ・ニシン・フェスティバルでは、ニシンの保護やニシン漁、ニシン資源の管理や食文化についての講義や講演が行なわれる。またあり合わせの食材で手作りするニシン料理の実演や、ニシンに関する映画の上映などもある。

カリフォルニア州で1月に行なわれるサウサリート・ヘリング・フェスティバルはニシンに感謝する祭りであると同時に、サンフランシスコ湾に残る最後のニシンの商業漁業を存続させるためのものでもある。またマサチューセッツ州では多くの漁村が毎年春のニシンの遡上を祝ってパーティーを催す。期間中には、ニシンの試食やニシン保護のための講演がいたるところで行なわれる。

●ニシンの未来

こうした祭りやパーティーは、人々がこの小さな、歴史上重要な魚に目を向けるきっかけとなる。そして、消費者にニシンがもつ栄養価や料理に役立つ点を教え、ニシンを世界規模で慎重に管理していく必要があることが訴えられる。世界の海に生息するニシンを維持していくうえで、どれも大きなカギとなる視点だ。

これまでのところ、タイセイヨウニシンについてはこうした祭りの効果が現れており、新たな関心も寄せられている。現段階では、タイセイヨウニシンの将来はかなり安定したもののように思える。生息環境の回復によって、激減していた地域にニシンが戻ってきており、漁の存続も可能になっている。

メイン州では、魚の通り道である魚道《ぎょどう》の回復努力がなされている。これはチョウザメやシャッド、ニシンが産卵のときに通るルートであり、これを確保することで良好な結果が出ている。堰を移して魚道を作り、自然に近い生息環境に戻したため、ニシンは自由に移動できるようになった。エサを見つけるのも容易になり、繁殖もできている。

アメリカ海洋大気庁の２０１１年の報告書によると、資源回復に向けた努力によってニシンの数は、メイン州オーガスタ付近で１９８５年のほぼゼロから、２００９年の３００万匹まで増加した。他の北大西洋地域でも、ニシンの数は徐々にではあるが確実に回復している。

漁獲制限と漁業規制が進んだ点も、タイセイヨウニシンの個体数回復に寄与している。１９６０年代後半の45万トン強というあまりに大きな漁獲量は、大幅に抑制されて年9万トン強に制限されている。こうした努力の結果、２０１５年後半時点でタイセイヨウニシンは「乱獲」には分類されておらず、一定の漁獲量も維持されている。ニシンの数は、他の魚や鳥や海洋動物のエサとなり、人間の需要もまかなえるほどまで回復している。

タイへイヨウニシンの場合はタイセイヨウニシンほどうまくいってはいない。気候変動、繁殖地やエサ場の破壊、乱獲などにより、タイヘイヨウニシンは急激に数を減らしている。ニシンの資源保護対策により状況はわずかながら改善しつつあるが、以前のように豊富な資源量まで回復できるのか、今もさまざまに検討され、議論が行なわれている。

一般の人々にニシンのことをもっと知ってもらうための活動を続け、持続可能な漁や水産資源のことを考慮した消費を行なうことで、タイセイヨウニシンにもタイヘイヨウニシンにも、明るい未来が生まれるのではないだろうか。そうすることで、ニシンは過去の魚となるのではなく、将来にわたって利用できる、健康に寄与する食資源となるだろう。古代から生息するニシンにふさわしい配慮と敬意をもって資源保護を目指せば、ニシンは今後何世代にもわたって人類の食を支えてくれると私は信じている。

謝辞

まず誰よりも、本書の発行元、リアクション社の出版者マイケル・リーマンと、本シリーズの編集者であるアンドルー・F・スミスに、本書の執筆機会をいただいたことを感謝する。おふたりの寛大さにも感謝を。ニシンに魅せられた私の熱い思いを理解し、古い歴史をもつこの小さな魚のことを人々に知らせる機会をいただいた。

なんらかの助力や励ましがなければ、ノンフィクション作品を書き終えるのはむずかしい。本書執筆にさいしても、ニューヨーク公共図書館の中央館であるスティーヴン・A・シュワルツマン図書館と総合研究部門のみなさんには大変お世話になった。忍耐強く、時間の許すかぎり私の厖大な要求におつきあいいただき、おかげで調査がとてもはかどった。

また、デンマーク、スカーゲンのスカーゲン・ツーリスタス・ノルド社のマリア・グロエ・エルドにも礼を申し上げる。マリアの協力がなければ、早朝に行なわれるスカーゲンの魚の競りを見て、船から降ろしたばかりのニシンを食べることも、スカンジナビア半島の漁師が漁をしている現場を見学することもできなかっただろう。こうした経験は、本書執筆になくてはならないものだった。

さらに、ジラッド・レンジャーがニシンに関する豊富な知識を提供してくれたおかげで、本書の信頼性が増した。ジラッドは、デンマーク人のニシンの調理法と食べ方について、何度も私と話し合い、質問に答えてくれた。

本書の刊行にさいしては、多くの友人が力を貸してくれた。レイチェル・バンクスとザッハ・ヴァンダーヴィーンは、カヤックでのニシン漁をじかに教えてくれた。クリスティナ・アンダーソンはあのスウェーデンの珍味、シュールストレミングを食べさせてくれた。エリザベス・タイセン、ジェーン・ウィルマー、マリリー・モロー、ニッキー・コロヴォス、スーザン・ハヴィソンは、本書の執筆が進むようにやさしく声をかけ、後押ししてくれた。みなさんと、ここに名前を掲載できなかったすべての友人の、思いやりと励ましに感謝する。

夜明け前の時刻に、日本やスカンジナビア、東ヨーロッパの魚市場で過ごすという体験につきあってくれる人などあまりいない。だが私の夫、ショーン・ディポールドは（午前4時に出かけてしょぼくれていた私とはくらべものにならないほど）上機嫌で、一緒に魚市場をめぐってくれた。素晴らしい夫を授けてくれた神に感謝を。さまざまな国のニシン料理の調査と冒険に、私と一緒に熱心に世界各地をめぐる旅に出てくれた夫に感謝する。それから、つきることのない支えにも。

私の父、故ウィリアム・G・ハントがいなければ、魚介類に対する私の興味が増すこともなかったかもしれない。父も、私の味覚を育て、もっといろいろな料理を食べたいという気持ちを芽生えさせてくれた恩人のひとりだ。大人になってからは、フランク・ウィルマーが私にさまざまなことを教えてくれた。友人であり、食通、釣り、文学愛好者仲間で、いつのまにか私の師ともなっていた。フランクが本書刊行の前に亡くなったのは思いもよらないことだったが、私の父と同様、フランクの精神は、執筆、旅行、歴史と食物を愛する私のなかに生きている。本書をフランクに捧げる。

訳者あとがき

本書『「食」の図書館　ニシンの歴史 *Herring: A Global History*』の著者であるキャシー・ハントは、フードライターとしてさまざまな記事を書き料理書を刊行しつつ、世界各地に出かけ、その土地ならではの食べ物や料理を楽しんでいる。本書では、著者が大学の卒業旅行先のイングランドで初めて口にし虜になったというニシンについて、ヨーロッパや北アメリカ、日本におけるその歴史をたどる。本書はイギリスの Reaktion Books が刊行する The Edible Series の一冊であり、本シリーズは２０１０年に、料理とワインに関する良書を選定するアンドレ・シモン賞の特別賞を受賞している。

ヨーロッパにおいてはニシンはタラと並び非常に重要な魚だ。ヨーロッパではニシン漁を土台として都市が形成され、ニシンの取り引きが交易団体を育み、ニシンは戦争の原因となり、肥料とされ、食料不足の時代には人々の食を支えた。しかしヨーロッパでこれほど大きな存在であるニシンも、残念ながら、日本では同様の認知度であるとは言えないだろう。本書にも書かれているように、日本にも「ニシン御殿」が建つほどニシンの大漁に沸いた時代があった。だが徐々に数を減らしたニシンは１９５０年代にはついに「幻の魚」と呼ばれるようになり、半世紀近くそうした状況が続いたのだ。もっとも１９８０年代以降はニシンの資源回復に向けた努力が払われ、それが少しずつ実ってニシンの水揚げ量が少ないながらも上向きになっている。春になると北海道の西岸に押し寄せて産卵したことから、ニシンは「春告魚《はるつげうお》」とも呼ばれる。そしてニシンが大群で到来して産卵するさいに、オスの精子で海面が乳白色になる現象を「群来《くき》」という。ニシンの減少とともに50年近く見ることができなかった群来も、小樽では、この10年ほど毎年観測されているそうだ。

ヨーロッパや北アメリカではニシンにまつわるさまざまな祭りや行事が催されていることも紹介されている。日本でもたとえば小樽では、群来の復活を祝って２００９年から毎年ニシン祭りが開催されており、おいしいニシンを楽しむたくさんの人でにぎわっているようだ。同市で公開されている「小樽市鰊《にしん》御殿」では、ニシン漁が盛んだった頃の漁具や写真が展示され、当時の作業スタイルの体験も可能ということで、ニシンの歴史を楽しく学ぶこともできそうだ。

近年は絶滅の危険にあるマグロやウナギなどの漁獲枠が世界で議論され、秋になるとサンマの不漁や価格高騰についての記事が新聞に載ることも多く、以前よりも海の資源保護に関心が寄せられるようになっている。だが、ニシンに関してこうした問題が取り上げられているることはあまり聞かない。本書を訳して、回復傾向にあるとはいえ、まだまだ楽観視はできないニシンにももっと関心が寄せられることを願う。ひょっとしたら若い世代には、数の子はともかく、ニシンを食べたことがないという方もいらっしゃるかもしれない。インターネット上のレシピサイトをのぞいてみるとニシン料理はたくさん紹介されているし（生のニシンが手に入らなければ缶詰も利用可能だ）、本書のレシピ集もある。本書で関心を抱かれた方には、まずはじっくりニシンを味わっていただければと思う。

本書を訳すにあたっては、多くの方々にお世話になった。とくに、本書を訳す機会と適切な助言をいただいた原書房編集部の中村剛さん、いつも温かいバックアップをいただいているオフィス・スズキの鈴木由紀子さんに心より感謝申し上げる。

２０１８年４月

龍　和子

写真ならびに図版への謝辞

図版の提供と掲載を許可してくれた関係者にお礼を申し上げる。

タクナワン: p. 119; Alamy: p. 6 (Chris Wilson); Deseronto Archives: p. 103; Kathy Hunt: pp. 14, 17, 24, 39, 42, 47, 51, 59, 65, 72, 77, 84, 85, 118, 136, 149, 151, 156, 158; Library of Congress, Washington, DC: pp. 35, 36, 45, 58; LSE Library: p. 89; National Archives of the Netherlands - Nationaal Archief: pp. 16, 57; National Library of Norway: p. 53; Newcastle Libraries: pp. 90, 91; Oddman47: p. 140; OpenCage: p. 21; Prankster: p. 68; Swedish National Heritage Board: p. 32; UBC Library: p. 40; USFWS: p. 37; U.S. National Oceanic and Atmospheric Administration (NOAA): pp. 25 (Gulf of the Farallones NMS), 41 (Robert K. Brigham), 129 (NOAA's Historic Fisheries Collection), 132.

Mortimer, Ian, *The Time Traveler's Guide to Medieval England* (New York, 2011)
Munro, R. J., *The Herring Fisheries* (London, 1884)
Murray, Donald S., *Herring Tales* (London, 2015)
Plum, Camilla, *The Scandinavian Kitchen* (London, 2011)
Preger, W., *The Humble Dutch Herring* (Melbourne, 1944)
Price, Bill, *Fifty Foods that Changed the Course of History* (London, 2014) [『図説世界史を変えた50の食物』ビル・プライス著，井上廣美訳，原書房，2015年]
Pulsiano, Phillip, and Kirstean Wolf, eds, *Medieval Scandinavia: An Encyclopedia* (New York, 1993)
Rick, Torben C., and Jon Erlandson, *Human Impacts on Ancient Marine Ecosystems* (Oakland, CA, 2008)
Root, Waverley, *Food* (New York, 1980)
Smylie, Mike, Herring: *A History of the Silver Darlings* (Stroud, 2006)
Toussaint-Samat, Maguelonne, *A History of Food* (Hoboken, NJ, 2008)
Triberg, Annica, *Very Swedish* (Stockholm, 2007)
Van Waerebeek, Ruth, *Everybody Eats Well in Belgium Cookbook* (New York, 1996)
Whiteman, Kate, *The World Encyclopedia of Fish and Shellfish* (London, 2010)
Yeatman, Marwood, *The Last Food of England* (London, 2007)

参考文献

Arthur, Michael Samuel, *The Herring: Its Effects on the History of Britain* (London, 1918)

Colquhoun, Kate, *Taste* (New York, 2007)

Cook, Joseph J., *The Incredible Atlantic Herring* (New York, 1979)

Cumming, Joseph George, *The Isle of Man* (London, 1861)

Davidson, Alan, *Oxford Companion to Food* (Oxford, 2008)

De Moor, Janny, *Dutch Cooking* (London, 2007)

Food and Agriculture Organization of the United Nations, Fisheries Division, 'Herring and Allied Species: A Commodity Study 1928-48' (Washington, DC, 1949)

Green, Aliza, *Field Guide to Seafood* (Philadelphia, PA, 2007)

Grigson, Jane, *Jane Grigson's Fish Book* (London, 1993)

Hix, Mark, *British Regional Food* (London, 2006)

Hodgson, W. C., The *Herring and Its Fishery* (London, 1957)

Howell, David Luke, *Capitalism from Within: Economy, Society and the State in a Japanese Fishery* (Oakland, CA, 1995) [『ニシンの近代史―北海道漁業と日本資本主義（近代史研究叢書)』デビッド・ルーク・ハウエル著，河西英通・河西富美子訳，岩田書院，2007年]

Hybel, Nils, and Bjorn Poulsen, *The Danish Resources, c. 1000-1550: Growth and Recession* (Leiden, 2007)

Jesch, Judith, ed., *The Scandinavians from the Vendel Period to the Tenth Century* (San Marino, 2002)

Johnson, Ruth A., *All Things Medieval* (Santa Barbara, CA, 2011)

Langdon, Frank, *The Politics of Canadian-Japanese Economic Relations, 1952-1983* (Vancouver, 1983)

Larousse Gastronomique: The World's Greatest Culinary Encyclopedia (New York, 2009)

Maddigan, Michael J., *Nemasket River Herring: A History* (Charleston, NC, 2014)

Mariani, John, *Encyclopedia of American Food and Drink* (New York, 1999)

McCormick Smith, Hugh, *King Herring* (Washington, DC, 1909)

Mitchell, John, *The Herring: Its Natural History and National Importance* (Edinburgh, 1864)

レシピ集

◉基本的な酢漬けニシン

（容量950*ml*の容器向け）
開いて頭と内臓を取り，皮をはいだ塩漬けニシン…910*g*
水…酢漬けの漬け液用に1カップ（240*ml*）と，ニシンの切り身を浸しておくための水
白ワインビネガー［ワインビネガーは，醸造したワインを酢酸醱酵させた酢］…1カップ（240*ml*）
砂糖…⅔カップ（135*g*）
ブラックペッパーコーン［ペッパーコーンはコショウの実を干したもの］…小さじ1
オールスパイス（ホール）［実を砕いていないもの］…小さじ½
タマネギのスライス…小玉1個
ベイリーフ…2枚

1. 冷水をはった大型のボールにニシンを浸し，冷蔵庫で24時間冷やす。その間，2度水を替え，ニシンの塩分を抜く。
2. 水，ビネガー，砂糖，ペッパーコーン，オールスパイスを大きめのソースパンに入れて中火にかけ，酢漬けの漬け液を作る。
3. 沸騰しはじめたらソースパンを火からおろし，少々さます。
4. 水に漬けていたニシンを水で洗い，水分をふきとる。
5. 切れ味のよいナイフでニシンを5センチの長さに切り分け，骨をすべて取る。
6. ニシンと等量のタマネギにベイリーフをくわえてフタつきの広口のビンに入れる。
7. ビンにニシンとタマネギと等量の酢漬け用の液を注ぎ，フタをして冷蔵庫に入れ，最低3日間は漬け込む。

◉ニシンのマスタード・マリネ

冷蔵保存すれば，ニシンのマスタード・マリネは1週間もつ。

（8人分）
小型のニシン（開いて頭と内臓を取ったもの）…1キロ
［最初に漬けるマリネ液］
水…2カップ（480*ml*）
白ワインビネガー…1¼カップ（300*ml*）
海塩（コーシャーソルト）［ユダヤ教の食事規定にのっとった，精製していない自然塩］…小さじ1
グラニュー糖…小さじ1
［2回目に漬けるマリネ液］
マスタード（ホール）…大さじ3

ディジョンマスタード［フランス，ブルゴーニュのディジョンの町の名がついたマスタード］…大さじ2
グラニュー糖…大さじ3
ライトブラウンシュガー［菓子作りによく使われるブラウンシュガーの薄茶色のもの］…大さじ1
シャロットのスライス…小玉1個
海塩（コーシャーソルト）…小さじ2
ブラックペッパーコーン…小さじ1
水…3カップ（720*ml*）
シードルビネガー［シードル（リンゴ酒）を使用して作ったビネガー］…¼カップ（60*ml*）
グレープシードまたはなたね油（キャノーラオイル）…¼カップ（60*ml*）

1. ニシンを洗い，大型の深皿に入れ，水，ビネガー，塩，グラニュー糖をよく混ぜたマリネ液をニシンに注ぐ。
2. 深皿にラップをかけ，冷蔵庫で8時間冷やす。
3. ニシンをマリネ液に漬け込んでいるあいだに，マスタード，グラニュー糖，ライトブラウンシュガー，シャロット，塩，ペッパーコーン，水，ビネガー，オイルを混ぜて2回目に漬けるマリネ液を作っておく。
4. 8時間たったらニシンをマリネ液から取り出し，ペーパータオルでニシンの水分をふきとる。
5. ニシンをまな板にのせ，切れ味のよいナイフで長さ5センチ，幅2.5センチの大きさに切り分ける。
6. ニシンを別の大型の深皿かボールに入れ，3で作ったマスタード入りのマリネ液を注ぎ，ラップをかけ24時間冷蔵庫で冷やす。
7. ときどきニシンをひっくり返し，切り身が均一にマリネ液に浸かるようにする。
8. 24時間たったらニシンをマリネ液から取り出し，ライ麦パンにのせて供する。

◉ブランテヴィク・ヘリング
［ブランテヴィクはスウェーデン，スコーネ県の都市］

開いて頭と内臓を取り，皮をはいだ塩漬けニシン…450*g*
［最初に漬けるマリネ液］
ホワイトビネガー［穀物から作られた無色透明の酢］…1カップ（240*ml*）
水…大さじ6
塩…大さじ1
［2回目に漬けるマリネ液］
グラニュー糖…1カップ（200*g*）
砕いたホワイトペッパーコーン…20粒
砕いたオールスパイス…20粒
きざんだ白タマネギ［色が白く皮が薄い。辛味が少なくサラダによく使われる］…大玉1個
きざんだ赤タマネギ［赤紫色のタマネギ］…大玉1個
すりつぶしたレモンゼスト…大さじ1

挽いたブラックペッパー…小さじ1
砕いたベイリーフ…小さじ1
きざんだ生のディル…ひとつかみ

1. ニシンを冷水に6時間浸し，この間，水を1，2回取り替える。
2. 6時間たったら，清潔なふきんでニシンの水分をふきとる。
3. ビネガー，水，塩をよく混ぜ，最初に漬けるマリネ液を作る。
4. ニシンを浅い耐熱皿に入れて上からマリネ液を注ぎ，ラップをかけて冷蔵庫で12時間，またはひと晩冷やす。
5. 皿を冷蔵庫から出し，マリネ液をボールに取る。
6. 5のマリネ液にグラニュー糖，ペッパーコーン，オールスパイス，白タマネギと赤タマネギ，レモンゼスト，ブラックペッパー，ベイリーフ，ディルをくわえてかき混ぜる。
7. フタ付きのガラスビンにニシンとマリネ液を交互に入れ，ビンいっぱいになるよう詰める。ニシンをきっちりと詰め，ビンのなかで浮かないようにすること。
8. きっちりと詰めるとマリネ液が少量こぼれるか，マリネ液を少し減らさなければならない場合もあるが，タマネギ，スパイス，ハーブ類は減らさないこと。
9. 容器を密閉して，冷蔵庫で1日から3日ほど冷やしてから供する。

······························

◉ロールモップ

(4～6人分)
開いて頭と内臓を取った新鮮なニシン…6匹
シードルビネガー…1カップ（240ml）
グラニュー糖…小さじ1
オリーブオイル…大さじ1
ベイリーフ…2枚
新鮮なタラゴン…ひと枝
ブラックペッパーコーン…小さじ1
砕いたコリアンダーシード…小さじ1
薄い輪切りにした白タマネギ…中玉1個
固ゆで卵（装飾用にきざむ）…2個
ディル（装飾用）…ひとつかみ

1. ビネガー，グラニュー糖，オリーブオイル，ベイリーフ，タラゴン，ペッパーコーン，コリアンダーシードを，ビネガーの酸で変色しないステンレス製やフッソ樹脂加工のソースパンに入れ，フタをして10分間熱したら火からおろし冷ます。
2. 大型の広口ビンかガラスの耐熱深皿の底に分量の半分のタマネギを敷き，上にニシンを3枚のせる。
3. マリネ液の半分をニシンの上から注ぎ，さらに残ったタマネギ，ニシンの順に敷いて上から残りのマリネ液を注ぐ。
4. ビンや耐熱皿にラップをかけ，冷蔵庫に入れて少なくとも2日から1週間ほどニシンをマリネ液に漬け込む。
5. 酢漬けニシンができたら，マリネ液

を捨て，ニシンでタマネギを巻いて皿に盛り付け，固ゆで卵とディルを飾って供する。

◉きざみニシン

東ヨーロッパで生まれたこのユダヤ教徒の名物料理にはさまざまなバリエーションがある。ニシンと卵，リンゴだけで作るものもあれば，酢漬けニシンの漬け液を捨てずに使ったり植物油やレモン果汁をくわえたり，さらにパン粉，砂糖，ハーブやスパイスを使ったタイプもある。ここで紹介するのは，ごく一般的なきざみニシンのレシピだ。自分の好みとキッチンにある食材によって自由にアレンジしてほしい。

（6人分）
固ゆで卵…3個
酢漬けニシン（450g入り酢漬けニシンのビンの漬け液を捨てたもの）
白タマネギのスライス…中玉1個
皮をむいてスライスしたリンゴ…2個
レモン果汁…½個分，好みで

1. 卵1個を角切りにして取り分けておく。
2. 残りの材料をフードプロセッサーにかけ細かくする。
3. 2でできたきざみニシンをボールに移し，上に角切り卵を飾り，覆いをして，テーブルに出すまで冷蔵庫に入れておく。

◉ビーツと酢漬けニシンのサラダ

スカンジナビア半島生まれのこのおいしい冷製サラダは，この地方ではシルササラダと呼ばれている。このサラダには，サワークリームとスライスした固ゆで卵を添えることが多い。

（4～6人分）
酢漬けニシン（漬け液を捨て，角切りにする）…1カップ（230g）
ゆでたビーツ（冷やして角切りにする）…3カップ（800g）
タマネギの角切り…¼カップ（40g）
皮をむいて角切りにした青リンゴ…1個
細かくきざんだフラットリーフパセリ［イタリアンパセリで葉が縮れていない平葉タイプのもの］…大さじ2
シードルビネガー…大さじ3
冷水…大さじ2
塩（味を調えるため）
挽いたブラックペッパー…小さじ¼
搾りたてのレモン果汁…大さじ2
グラニュー糖…小さじ1
サワークリーム（供するさいに適宜添える）

1. 中型の皿にニシン，ビーツ，タマネギ，リンゴを交ぜて盛り付ける。
2. 別の容器でパセリ，シードルビネガー，水，塩とコショウを混ぜ，これを1のサラダにかける。

3. 覆いをして冷蔵庫で冷やす。
4. レモン果汁とグラニュー糖を混ぜて，サラダにかけてから供する。

・・・・・・・・・・・・・・・・・・・・・・・・・・・・・・・・

◉北オランダのニシンサラダ

(2～4人分)
バタヴィアレタス（バターヘッドボストン［ビブレタス］）［非結球型のレタス］（葉をはずし洗っておく）…1個
実がしまったワキシーポテト［モチ種のジャガイモ（米以外にもモチ種の植物はある）］（ゆでてスライスする）…680g
固ゆで卵（スライスする）…2個
薄い細切りにしたエダムチーズ［オランダ北部エダム地方原産，オランダの代表的なチーズのひとつ］…100g
酢漬けニシン（漬け液は捨てる）…4枚
オリーブオイル…大さじ3
シェリービネガー…大さじ1
細かくきざんだシャロット…大さじ1
塩…小さじ½
挽いたブラックペッパー…小さじ¼
ディジョンマスタード…小さじ¼
ガーキンの甘酢漬け（きざむ）…4本
ケイパー（漬け汁を捨てて洗う）…小さじ1

1. レタスの葉を皿に広げ，その上に，スライスしたジャガイモ，卵，細切りチーズの順にのせ，一番上にニシンをのせる。
2. オリーブオイル，ビネガー，シャロット，塩，ブラックペッパー，マスタードを合わせてよく混ぜ，1の上からかける。
3. ガーキンとケイパーを散らして供する。

・・・・・・・・・・・・・・・・・・・・・・・・・・・・・・・・

◉タマネギとニシンのピサラディエール

ピサラディエールはパイのような風味豊かなタルトで，フランスのニース付近の名物料理だ。アンチョビ，タマネギ，オイル漬けのブラックオリーブなどを用いる。ここに紹介するのはアンチョビの代わりに酢漬けニシンを使い，ピサラディエールをもっと軽く，それでいて少々複雑な味にしたものだ。

(4～6人分)
冷凍パイ生地（解凍したもの）…1枚
オリーブオイル…大さじ3（45ml）
白タマネギ（半分に切って薄く三日月形にスライスする）…中玉1½個
海塩…小さじ¾
酢漬けニシン（漬け液を捨て，洗う）…115g
きざんだ生のローズマリー…小さじ1
乾燥タイム…小さじ½

1. オーブンを200℃に予熱する。解凍させたパイ生地を0.5センチの厚さに

伸ばし，ベーキングシートにのせる。シートにはオイルを塗らない。
2. 中型のフライパンやソテーパンでオリーブオイルを中火で熱し，タマネギと塩をくわえ，やわらかくなり，少々色づくまで6分ほど炒める。
3. タマネギをフライパンから取り出してパイ生地に均一に広げる。
4. 指でニシンをちぎり，タマネギの上に等間隔にのせる。
5. 生のローズマリーと乾燥タイムを散らし，パイ生地を予熱したオーブンに入れる。
6. パイ生地が膨れて端に軽く焦げ目がつくまで，15～20分焼く。
7. 四角に切り分け温かいうちに供する。

………………………………

◉ニシンのグリル

（4人分）
オリーブオイル…小さじ1
新鮮なニシン（内臓は取るが頭は残す）…4匹
海塩（味を調えるため）
挽いたブラックペッパー（味を調えるため）
醤油（好みで適量をかける）
レモン果汁（好みで適量をふる）

1. アルミホイルにオリーブオイルを塗り，ニシンをのせる。
2. 天板をオーブンの中段にセットし，グリルに設定して強火で予熱する。
3. ニシンに塩とブラックペッパーをふる。
4. グリルを中火にし，ニシンをのせたアルミホイルをそのまま天板にのせ，15分グリルする。
5. トングや魚返しでニシンをひっくり返し，下になっていた側に塩とブラックペッパーをふる。
6. さらに5分から10分グリルし，フォークでニシンがさくさくに焼けているか確認する。
7. 仕上げにニシンに醤油かレモン果汁をかけるか，またはそのままなにもかけずに食べる。

………………………………

◉スコットランド風焼きニシン

本場のスコットランドでは，まず脂肪と肉が筋状になった高品質のベーコンの薄切りを焼き，ベーコンを取り出したあとに残ったベーコン脂でオーツ麦の衣をつけたニシンを焼く。そしてニシンにベーコンを添えて供する。

（6人分）
未加熱の押しオーツ麦［ローラーで平たくつぶし，煮えやすくしたもの］…1カップ（100*g*）
海塩…小さじ½，味をみて適宜くわえる
挽きたてのブラックペッパー…小さじ½，味をみて適宜くわえる
卵…L 玉2個
水…大さじ2

大ぶり（450*g*程度）のニシン（内臓と骨を取る）…6匹
無塩バター…60*g*

1. 押しオーツ麦，塩，ブラックペッパーをよく混ぜ，皿に広げる。
2. 卵と水を混ぜる。
3. ニシンに塩とブラックペッパーで味付けする。
4. 味付けしたニシンを2に浸して卵液を均一につけたら，ニシンを1の皿によく押し付けて，味付けしたオーツ麦をしっかりとつける。
5. 6匹のニシンすべてにオーツ麦の衣をつけ，おいておく。
6. 無塩バターの半分を大型のフライパンに入れて中火で溶かす。
7. ニシンをフライパンに入れ，片面を2～3分間，キツネ色になるまで焼く。
8. 残りのバターをフライパンにくわえ，そっとニシンをひっくり返し，もう片面もキツネ色になるまで2～3分焼く。
9. 焼きあがったらフライパンから取り出し，熱いうちに供する。

・・・・・・・・・・・・・・・・・・・・・・・・・・・・・・・・

◉ニシンのレモンとハーブ詰め

（4～6人分）
オリーブオイル…大さじ1
海塩（味を調えるため）
挽きたてのブラックペッパー（味を調えるため）
大ぶりのニシン（内臓と骨は取るが頭は残す）…12匹
乾燥パン粉…¾カップ（85*g*）
おろしたパルメザンチーズ…大さじ3
ニンニク（細かくきざむ）…1片
きざんだ生のフラットリーフパセリ…¼カップ（大さじ4）
細かくきざんだ生のバジル…大さじ1
おろしたレモンゼスト…1個分
搾りたてのレモン果汁…大さじ1
海塩…小さじ½
挽きたてのブラックペッパー…小さじ¼
エキストラバージンオリーブオイル…大さじ4

1. オーブンを200℃に予熱し，大型の耐熱皿の表面にオリーブオイルを塗る。
2. ニシンに塩，ブラックペッパーで味付けし，大皿に横向きに寝かせる。
3. 中型のボールでパン粉とチーズ，ニンニク，バジル，レモンゼスト，レモン果汁，塩，ブラックペッパー，エキストラバージンオリーブオイル大さじ2をよく混ぜ合わせる。味見をして適宜調味料をくわえる。
4. 指かスプーンで，ニシンの腹に3をそれぞれ同量ずつ詰める。
5. 残りのオリーブオイルをニシンの上にかけ，15分ほど焼いて，フォークでニシンがふんわりと焼けたか確認する。
6. 温かいうちに供する。

・・・・・・・・・・・・・・・・・・・・・・・・・・・・・・・・

◉燻製ニシンのティーサンドイッチ

キャシー・ハント著，『フィッシュ・マーケット *Fish Market*』（ランニング・プレス社，2013年）より。

このレシピはかわいらしいカナッペタイプにしたものだが，伝統的なデリカテッセン・スタイルのサンドイッチとして供することも可能だ。その場合は，パンのスライスを4つに切らずに，一般的なサンドイッチのように具材とパンを合わせるだけでよく，それにディルのピクルスを添える。

（4～6人分）
雑穀パンのスライス（1枚を4つに切る）…8枚
クリームチーズ（室温に置いておく）…50～75*g*
ビブレタスの葉（パンの大きさに合わせて切る）…4～8枚
燻製ニシン（4つに切る）…大ぶりのもの4匹
赤タマネギ（薄くスライスする）…小玉½個
プラムトマト［ミニトマトの一種］（薄くスライスする）…2個
ディルのピクルス（好みで適量添える）

1. 4つに切ったパンのスライスの片面にクリームチーズを薄く塗る。
2. クリームチーズの上にレタス，ニシンの順にのせ，さらに赤タマネギ，プラムトマトのスライスも分量の16分の1をのせる。
3. 別のパンのスライスにクリームチーズを薄く塗り，これを，クリームチーズを塗った面を下にして2のパンに合わせる。
4. これを16個分作り，そのまま，またはディルのピクルスを添えて供する。

◉クレイポット・ヘリング

（4～6人分）
挽きたてのホワイトペッパー…小さじ¼
乾燥パン粉…¼カップ（30*g*）
おろしたペコリーノ・ロマーノチーズ［ヒツジの乳を原料とした，イタリア最古と言われるチーズ］…大さじ2
無塩バター…大さじ2（30*g*）
白タマネギ（半分に切って薄くスライスする）…小玉2個
アイダホ（ラセット）ポテト［米国産のでんぷん質の豊富な中～大型のジャガイモ］（皮をむいて半分に切り，厚さ2センチの半月型にスライス）…680*g*
燻製ニシン（5センチ幅に切り分ける）…110*g*
ダブルクリーム［乳脂肪濃度の高いクリーム］…¾カップ（180*ml*）
牛乳…½カップ（120*ml*）
有塩バター（溶かす）…大さじ1（15*g*）

1. オーブンを200℃に予熱し，容量2リットルの耐熱容器にオイルを塗る。
2. 小型のボールでホワイトペッパー，パン粉，チーズを混ぜ，おいておく。
3. 無塩バターを中型鍋で中火にかけて溶かし，タマネギをくわえて色づくまで7分ほど炒める。
4. ジャガイモの半量をオイルを塗った耐熱容器の底に敷く，その上に，タマネギ，ニシン，残りのジャガイモの順にのせていく。
5. 容器からあふれるような場合は，材料がすべてきっちりと収まるように上からよくおさえつける。
6. ダブルクリームと牛乳をしっかり混ぜ，4に注ぐ。
7. 2のパン粉をその上から散らし，溶かしバターを上からかける。
8. ジャガイモがやわらかくなり，キツネ色になるまで45分焼き，熱いうちに供する。

◉数の子

ニシンの卵を味付けした「数の子」は日本の伝統食であり，正月のおせち料理に欠かせない。数の子は子孫繁栄を象徴する縁起のよい食べ物だ。

（4人分）
ニシンの卵…4本
水…3カップ（720*ml*）
だし汁…½カップ（120*ml*）
醤油…大さじ1½
みりん…大さじ1½
かつお削りぶし（供するさいに上にのせる）

1. 大型のボールに水を張ってニシンの卵を漬け，覆いをかけひと晩冷蔵庫に入れて塩を抜く。
2. だし汁，醤油，みりんを小鍋に入れ，1分ほど煮立たせて火からおろし，室温でさまして漬け液を作る。
3. 漬け液が冷めたら，冷蔵庫からニシンの卵を出し，漬けていた水を捨てる。
4. 卵のまわりの白い薄皮を丁寧に取り除き，幅2センチほどの大きさに切ったニシンの卵をきれいなボールに入れる。
5. 冷めた漬け液をニシンの卵の上から注ぎ，覆いをして冷蔵庫で最低12時間冷やし，味をしみこませる。
6. 味がしみこんだ数の子を4つの皿に盛り，それぞれにかつお削りぶしをのせて供する。

◉ニシンの卵のソテー

このレシピはシャッドの卵にも使える。

（4人分）
無塩バター…大さじ4（60*g*）
ニシンの卵…340*g*
搾りたてのレモン果汁…大さじ2
海塩（味を調えるため）

挽きたてのホワイトペッパー（味を調える）

1. 大型の焦げ付き防止加工のスキレット［厚みのある鋳鉄製のフライパンで，熱がゆっくりと均一に伝わる］を中火にかけてバターを溶かす。
2. スキレット全体によくバターをまわしてからニシンの卵をくわえる。
3. ニシンの卵の片面が軽く色づくまで，3分ほど熱する。
4. ひっくり返し，もう一方の面も色づくまで熱し，卵がこんがりとしたキツネ色になるよう仕上げたら，スキレットから取り出す。
5. スキレットに残ったバターにレモン果汁をくわえ，よく混ぜ合わせる。
6. 5のソースをニシンの卵にかけ，塩，ホワイトペッパーで味を調える。

キャシー・ハント（Kathy Hunt）
ニューヨークを拠点とするジャーナリスト。フードライターおよび料理のインスタラクターでもある。シカゴ・トリビューン，ロサンゼルス・タイムズ，ベジニュースなどの紙誌に精力的に寄稿。魚介類の選び方，調理法などをまとめた著書『フィッシュ・マーケット *Fish Market*』あり。

龍 和子（りゅう・かずこ）
北九州市立大学外国語学部卒。訳書に，ピート・ブラウン／ビル・ブラッドショー『世界のシードル図鑑』，「食」の図書館シリーズでは，レニー・マートン『コメの歴史』，カオリ・オコナー『海藻の歴史』（以上原書房）などがある。

「食《しょく》」の図書館《としょかん》

ニシンの歴史《れきし》

●

2018 年 *4* 月 *27* 日　第 *1* 刷

著者……………キャシー・ハント
訳者……………龍《りゅう》 和子《かずこ》
装幀……………佐々木正見
発行者……………成瀬雅人
発行所……………株式会社原書房

〒160-0022 東京都新宿区新宿 1-25-13
電話・代表 03(3354)0685
振替・00150-6-151594
http://www.harashobo.co.jp

印刷……………新灯印刷株式会社
製本……………東京美術紙工協業組合

ISBN 978-4-562-05554-8, Printed in Japan

人はこうして「食べる」を学ぶ

ビー・ウィルソン著　堤理華訳

肥満、偏食、拒食、過食……わかってはいるけど、ではどうすればいい？　日本やフィンランドの例も紹介しつつ、食に関する最新の知見と「食べる技術／食べさせる知恵」を〝母親目線〟で探るユニークな書！　2800円

風味は不思議議　多感覚と「おいしい」の科学

ボブ・ホルムズ著　堤理華訳

「おいしい」とはなんだろう？　人は味覚と嗅覚だけでなく触覚、聴覚、視覚、痛覚他も総動員して風味を感じている。謎だらけの「風味」を徹底解剖！　2200円

世界の茶文化図鑑

ティーピッグズ／チードル＆キルビー著　伊藤はるみ訳

世界のお茶を総合的かつヴィジュアルにガイドする。茶葉の知識や種類、レシピ、また各地の生産者へのインタビューやお茶を飲む文化・習慣を通して、お茶が世界中の生活に息づいていることが理解できる。　5000円

図説　世界史を変えた50の食物

ビル・プライス著　井上廣美訳

トウモロコシ、麺、ジャガイモ、オリーヴオイル、ハンバーガー…有史以来、人間は食卓を彩るさまざまな食物を生み出してきた。文明の発展に大きな影響をおよぼした食物を紹介する魅力的で美しい案内書。　2800円

スパイス三都物語　ヴェネツィア・リスボン・アムステルダムの興亡の歴史

マイケル・クロンドル著　木村／田畑／稲垣訳

十字軍が持ち帰った異国の財宝によって富んだ三つの都市……香辛料貿易で発展した三都を料理史家が実際に訪れて資料を渉猟、香辛料がもたらした栄枯盛衰は都市と人間をどのように変えたのかをたどる。　2800円

（価格は税別）

ウイスキーの歴史 《「食」の図書館》

ケビン・R・コザー／神長倉伸義訳

ウイスキーは酒であると同時に、政治であり、経済であり、文化である。起源や造り方をはじめ、厳しい取り締まりや戦争などの危機を何度もはねとばし、誇り高い文化にまでなった奇跡の飲み物の歴史を描く。　２０００円

豚肉の歴史 《「食」の図書館》

キャサリン・M・ロジャーズ／伊藤綺訳

古代ローマ人も愛した、安くておいしい「肉の優等生」豚肉。豚肉と人間の豊かな歴史を、偏見／タブー、労働者などの視点も交えながら描く。世界の豚肉料理、ハム他の加工品、現代の豚肉産業なども詳述。　２０００円

サンドイッチの歴史 《「食」の図書館》

ビー・ウィルソン／月谷真紀訳

簡単なのに奥が深い…サンドイッチの驚きの歴史！「サンドイッチ伯爵が発明」説を検証する、鉄道・ピクニックとの深い関係、サンドイッチ高層建築化問題、日本の総菜パン文化ほか、楽しいエピソード満載。　２０００円

ピザの歴史 《「食」の図書館》

キャロル・ヘルストスキー／田口未和訳

イタリア移民とアメリカへ渡って以降、各地の食文化に合わせて世界中に広まったピザ。本物のピザとはなに？世界中で愛されるようになった理由は？　シンプルに見えて実は複雑なピザの魅力を歴史から探る。　２０００円

パイナップルの歴史 《「食」の図書館》

カオリ・オコナー／大久保庸子訳

コロンブスが持ち帰り、珍しさと栽培の難しさから「王の果実」とも言われたパイナップル。超高級品、安価な缶詰、トロピカルな飲み物など、イメージを次々に変えて世界中を魅了してきた果物の驚きの歴史。　２０００円

（価格は税別）

リンゴの歴史《「食」の図書館》
エリカ・ジャニク著　甲斐理恵子訳

エデンの園、白雪姫、重力の発見、パソコン…人類最初の栽培果樹であり、人間の想像力の源でもあるリンゴの驚きの歴史。原産地と栽培、神話と伝承、リンゴ酒（シードル）、大量生産の功と罪などを解説。　2000円

ワインの歴史《「食」の図書館》
マルク・ミロン著　竹田円訳

なぜワインは世界中で飲まれるようになったのか？　8千年前のコーカサス地方の酒がたどった複雑で謎めいた歴史を豊富な逸話と共に語る。ヨーロッパからインド／中国まで、世界中のワインの話題を満載。　2000円

モツの歴史《「食」の図書館》
ニーナ・エドワーズ著　露久保由美子訳

古今東西、人間はモツ（臓物以外も含む）をどのように食べ、位置づけてきたのか。宗教との深い関係、高級食材でもあり貧者の食べ物でもあるという二面性、食料以外の用途など、幅広い話題を取りあげる。　2000円

砂糖の歴史《「食」の図書館》
アンドルー・F・スミス著　手嶋由美子訳

紀元前八千年に誕生したものの、多くの人が口にするようになったのはこの数百年にすぎない砂糖。急速な普及の背景にある植民地政策や奴隷制度等の負の歴史もふまえ、人類を魅了してきた砂糖の歴史を描く。　2000円

オリーブの歴史《「食」の図書館》
ファブリーツィア・ランツァ著　伊藤綺訳

文明の曙の時代から栽培され、多くの伝説・宗教で重要な役割を担ってきたオリーブ。神話や文化との深い関係、栽培・搾油・保存の歴史、新大陸への伝播等を概観、また地中海式ダイエットについてもふれる。　2200円

（価格は税別）

ソースの歴史 《「食」の図書館》

メアリアン・テブン著　伊藤はるみ訳

高級フランス料理からエスニック料理、B級ソースまで…世界中のソースを大研究！　実は難しいソースの定義、進化と伝播の歴史、各国ソースのお国柄、「うま味」の秘密など、ソースの歴史を楽しくたどる。

２２００円

水の歴史 《「食」の図書館》

イアン・ミラー著　甲斐理恵子訳

安全な飲み水の歴史は実は短い。いや、飲めない地域は今も多い。不純物を除去、配管・運搬し、酒や炭酸水として飲み、高級商品にもする…古代から最新事情まで、水の驚きの歴史を描く。

２２００円

オレンジの歴史 《「食」の図書館》

クラリッサ・ハイマン著　大間知知子訳

甘くてジューシー、ちょっぴり苦いオレンジは、エキゾチックな富の象徴、芸術家の霊感の源だった。原産地中国から世界中に伝播した歴史と、さまざまな文化や食生活に残した足跡をたどる。

２２００円

ナッツの歴史 《「食」の図書館》

ケン・アルバーラ著　田口未和訳

クルミ、アーモンド、ピスタチオ…独特の存在感を放つナッツは、ヘルシーな自然食品として再び注目を集めている。世界の食文化にナッツはどのように取り入れられていったのか。多彩なレシピも紹介。

２２００円

ソーセージの歴史 《「食」の図書館》

ゲイリー・アレン著　伊藤綺訳

古代エジプト時代からあったソーセージ。原料、つくり方、食べ方…地域によって驚くほど違う世界中のソーセージの歴史。馬肉や血液、腸以外のケーシング（皮）などの珍しいソーセージについてもふれる。

２２００円

（価格は税別）

脂肪の歴史《「食」の図書館》

ミシェル・フィリポフ著　服部千佳子訳

絶対に必要だが嫌われ者…脂肪。油、バター、ラードほか、おいしさの要であるだけでなく、豊かさ（同時に「退廃」）の象徴でもある脂肪の驚きの歴史。良い脂肪／悪い脂肪論や代替品の歴史にもふれる。　２２００円

バナナの歴史《「食」の図書館》

ローナ・ピアッティ＝ファーネル著　大山晶訳

誰もが好きなバナナの歴史は、意外にも波瀾万丈。栽培の始まりから神話や聖書との関係、非情なプランテーション経営、「バナナ大虐殺事件」に至るまで、さまざまな視点でたどる。世界のバナナ料理も紹介。　２２００円

サラダの歴史《「食」の図書館》

ジュディス・ウェインラウブ著　田口未和訳

緑の葉野菜に塩味のディップ…古代のシンプルなサラダがヨーロッパから世界に伝わるにつれ、風土や文化に合わせて多彩なレシピを生み出していく。前菜から今ではメイン料理にもなったサラダの驚きの歴史。　２２００円

パスタと麺の歴史《「食」の図書館》

カンタ・シェルク著　龍和子訳

イタリアの伝統的パスタについてはもちろん、悠久の歴史を誇る中国の麺、アメリカのパスタ事情、アジアや中東の麺料理、日本のそば／うどん／即席麺など、世界中のパスタと麺の進化を追う。　２２００円

タマネギとニンニクの歴史《「食」の図書館》

マーサ・ジェイ著　服部千佳子訳

主役ではないが絶対に欠かせず、吸血鬼を撃退し血液と心臓に良い。古代メソポタミアの昔から続く、タマネギやニンニクなどのアリウム属と人間の深い関係を描く。暮らし、交易、医療…意外な逸話を満載。　２２００円

（価格は税別）

カクテルの歴史　《「食」の図書館》
ジョセフ・M・カーリン著　甲斐理恵子訳

氷やソーダ水の普及を受けて19世紀初頭にアメリカで生まれ、今では世界中で愛されているカクテル。原形となった「パンチ」との関係やカクテル誕生の謎、ファッションその他への影響や最新事情にも言及。　２２００円

メロンとスイカの歴史　《「食」の図書館》
シルヴィア・ラブグレン著　龍和子訳

おいしいメロンはその昔、「魅力的だがきわめて危険」とされていた!?　アフリカからシルクロードを経てアジア、南北アメリカへ…先史時代から現代までの世界のメロンとスイカの複雑で意外な歴史を追う。　２２００円

ホットドッグの歴史　《「食」の図書館》
ブルース・クレイグ著　田口未和訳

ドイツからの移民が持ち込んだソーセージをパンにはさむ——この素朴な料理はなぜアメリカのソウルフードにまでなったのか。歴史、つくり方と売り方、名前の由来ほか、ホットドッグのすべて！　２２００円

トウガラシの歴史　《「食」の図書館》
ヘザー・アーント・アンダーソン著　服部千佳子訳

マイルドなものから激辛まで数百種類。メソアメリカで数千年にわたり栽培されてきたトウガラシが、スペイン人によってヨーロッパに伝わり、世界中の料理に「なくてはならない」存在になるまでの物語。　２２００円

キャビアの歴史　《「食」の図書館》
ニコラ・フレッチャー著　大久保庸子訳

ロシアの体制変換の影響を強く受けながらも常に世界を魅了してきたキャビアの歴史。生産・流通・消費についてはもちろん、ロシア以外のキャビア、乱獲問題、代用品、買い方・食べ方他にもふれる。　２２００円

（価格は税別）